狂熱麵包師配方規劃研究室

Roti-Orang
堀田誠

瑞昇文化

CONTENTS

PART 2

規劃自己想做的麵包配方來烘烤。

本書著重於如何自己規劃麵包食譜。若想了解麵包的整體製作，或是深入探討關於發酵的部分，敬請參考《麵包職人烘焙教科書》與《發酵：麵包「酸味」和「美味」精準掌控》。

前言

《麵包職人烘焙教科書》系列是以淺顯易懂的方式，針對愛上製作麵包之人、
今後打算開設麵包教室之人，解說過去無法詢問他人的內容。

第一本《麵包職人烘焙教科書：精準掌握近乎完美的好味道！》
在探討麵包的材料與製程，
第二本《發酵：麵包「酸味」和「美味」精準掌控》的
焦點則著重於酵母菌發酵。
就在掌握上述環節後，本書將談及更深層的內容。

Roti-Orang將以「製作自己想做的麵包」為主題，
與各位分享如何構思配方。

關鍵在於逆向思考麵包的製作過程。
具體來說會是
想要做這樣的麵包→該怎麼烘烤→該如何最後發酵……。
平常我們會根據配方材料表，依樣畫葫蘆，
不過，若想要製作獨創的麵包，
就必須靠自己從零規劃食譜配方。

對於單純想烤麵包的人來說或許相當困難，
不過只要是精通材料與發酵種的人一定辦得到，
所以各位不妨挑戰看看。

只要學會如何規劃配方，
除了法國粉×日本發酵種的組合不再是難事外，
還能做出世界上獨一無二風味的麵包。

不過，製作麵包時，溫度與濕度會讓發酵產生些微差異，
甚至會出現麵包膨脹狀態與口感不如預期的情況。
但無論成品如何，都不會是失敗的麵包。
只要累積多次經驗，
一定能烤出自己想要的麵包。
如此一來，便能從製作麵包中獲得更多更多的樂趣。

堀田 誠

Roti-Orang的麵包

製作理論

製作麵包的關鍵在於如何巧妙地把麵粉、酵母菌、水、鹽這些基本材料加以組合。麵粉、酵母菌、水彼此間有著密不可分的關係，加鹽的目的則是提味。鹽和「麵粉＋水」（＝蛋白質）、「麵粉＋酵母菌」（＝酵素活性）、「酵母菌＋水」（＝滲透壓）都有所關聯。右頁將透過圖示呈現上述材料的關聯性，就請各位先牢記彼此間的關係。

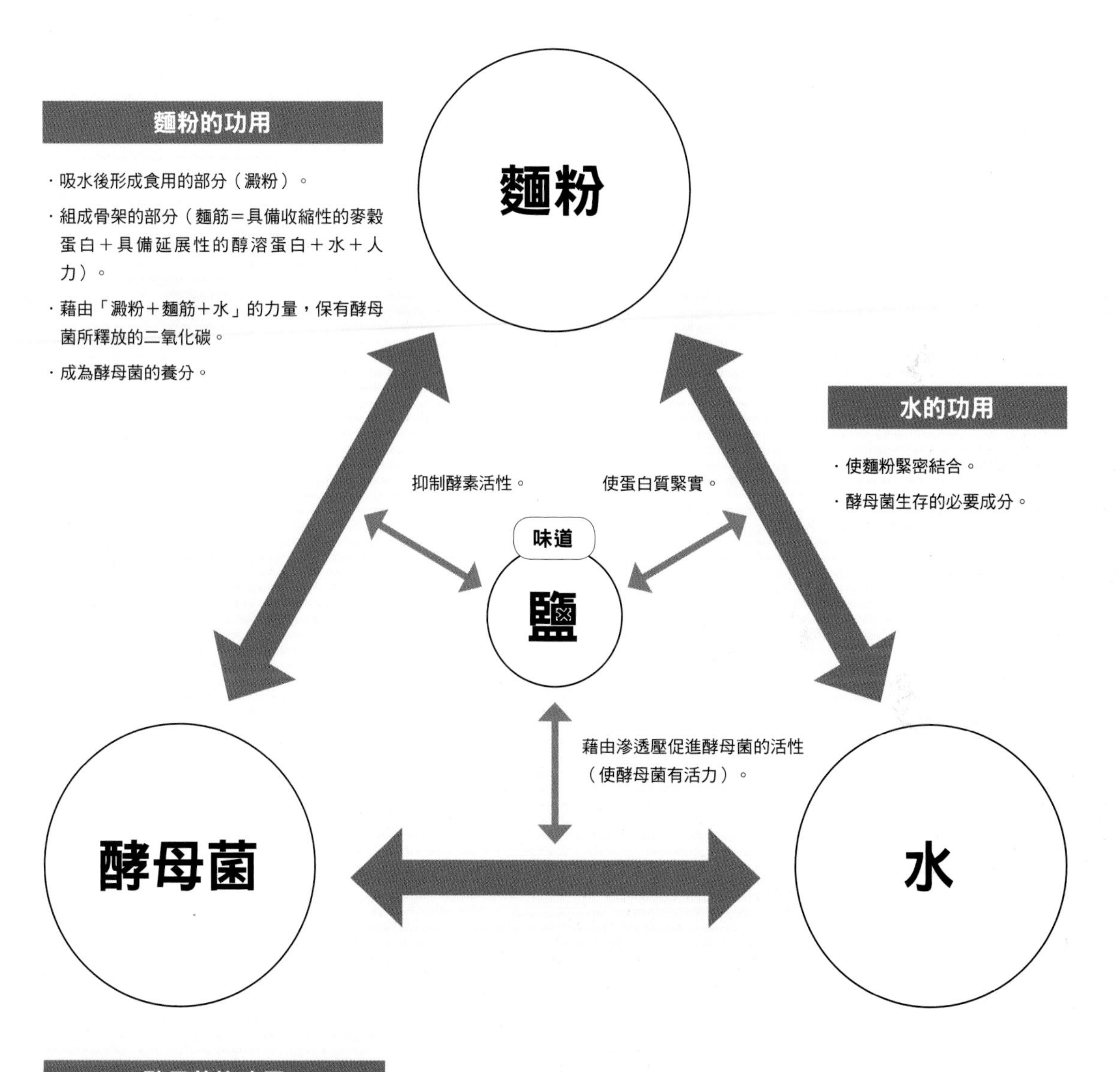

酵母菌的功用

・扮演幫浦的角色。

・控制口感及味道。

・沒有水就無法生存。

・要使酵母菌增加需要養分（澱粉）。

這就是製作麵包時，

Roti-Orang認為的基本材料關聯性。

規劃配方的關鍵，

在於逆向思考麵包的製程

我們在規劃配方時，因為手邊沒有任何範例，所以必須逆向思考心中想做的麵包製程。這也是Roti-Orang規劃食譜配方時的基礎，建議各位可以學起來。

一般的麵包製作過程

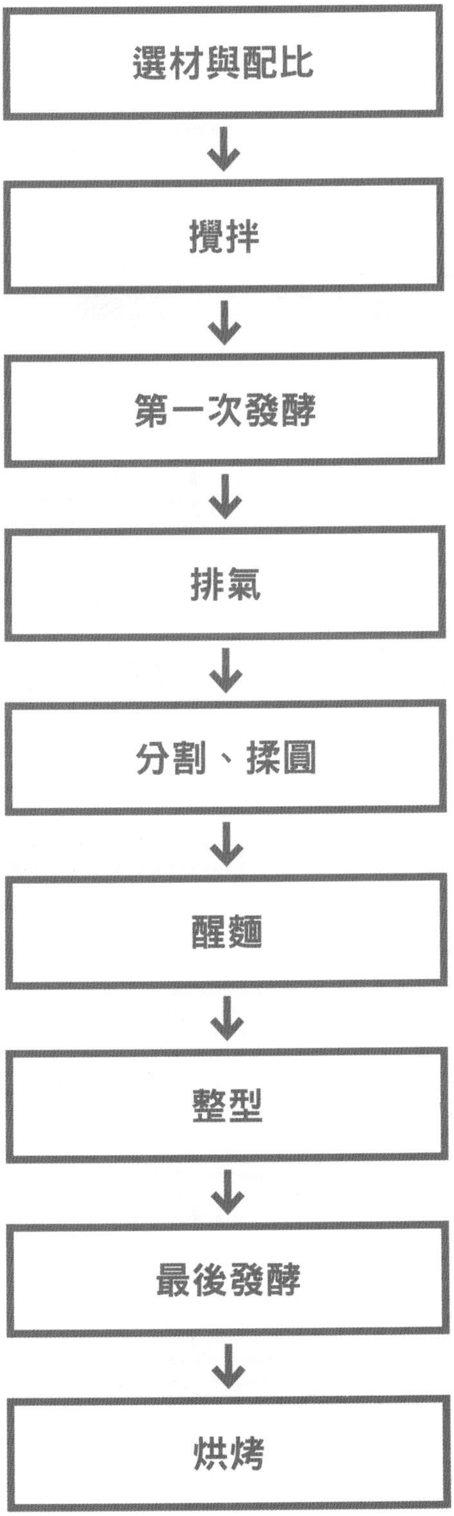

選材與配比
↓
攪拌
↓
第一次發酵
↓
排氣
↓
分割、揉圓
↓
醒麵
↓
整型
↓
最後發酵
↓
烘烤

思考心中想做的麵包配方時……

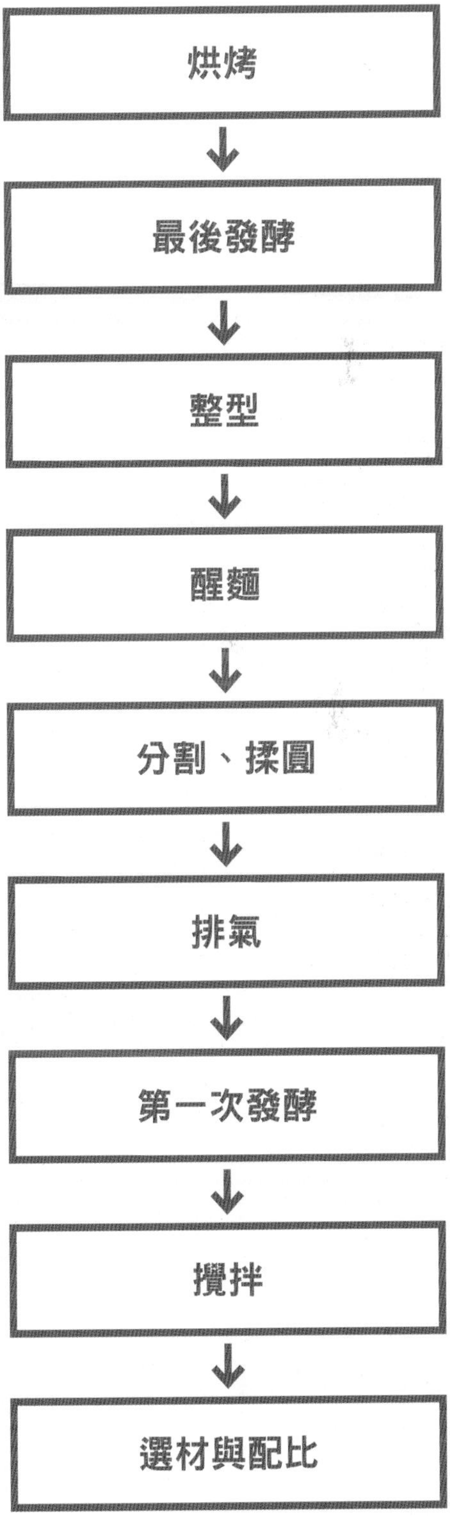

烘烤
↓
最後發酵
↓
整型
↓
醒麵
↓
分割、揉圓
↓
排氣
↓
第一次發酵
↓
攪拌
↓
選材與配比

PART 1

規劃想做的
麵包配方時應有的
基礎知識。

製作麵包的基礎知識

規劃配方時，必須逆向思考麵包製程，
所以了解每個步驟的用詞含意就變得非常重要。
建議各位在規劃配方前，先牢記這些用詞。

烘焙百分比%

烘焙百分比%是在表示材料用量時，**將麵粉用量設為100%，再以其他材料相對於麵粉用量**的比例所呈現出來的數值（國際標準用法）。由於烘焙百分比並非每項材料的用量比例，所以合計後會超過100%。考量麵包配方中，麵粉的用量最多，於是將麵粉用量設為100%，作為列出其他材料用量時的基準。
只要知道烘焙百分比，無論是**少量或大量的麵團，都能輕鬆算出材料所需用量。**

假設高筋麵粉的烘焙百分比為100%，砂糖為5%，
那麼使用100g的麵粉時，砂糖用量為100×0.05＝5g
使用1000g的麵粉時，砂糖用量則為1000×0.05＝50g
以此類推。

烘焙百分比與實際百分比

如前方所述，烘焙百分比就是將麵粉用量設為100%時，其他材料相對於麵粉的比例。**實際百分比則是將所有材料用量視為100%時，每種材料**的占比。
麵包製程中，基本上只有**材料表的麵粉比例會以實際百分比100%來標示。**

第一次發酵

這是指揉成麵團裡的酵母，在麵筋骨架間形成二氧化碳氣泡的過程。

當酵母周圍有氧氣時，就會一邊進行呼吸作用一邊分解醣類，製造大量的主要產物—二氧化碳，同時也會形成少量帶有風味、鮮味、香味成分的副產物。一旦二氧化碳增加太多，酵母就會失去活力，並轉換成酒精發酵，開始分解醣類，並慢慢累積副產物。

如果想要製作鬆軟的麵包，就必須非常重視讓酵母充滿活力的過程。如果想要麵包鮮味強烈口感紮實的話，那麼就要把重點放在累積副產物的過程。這時就**必須透過排氣調整麵團**。

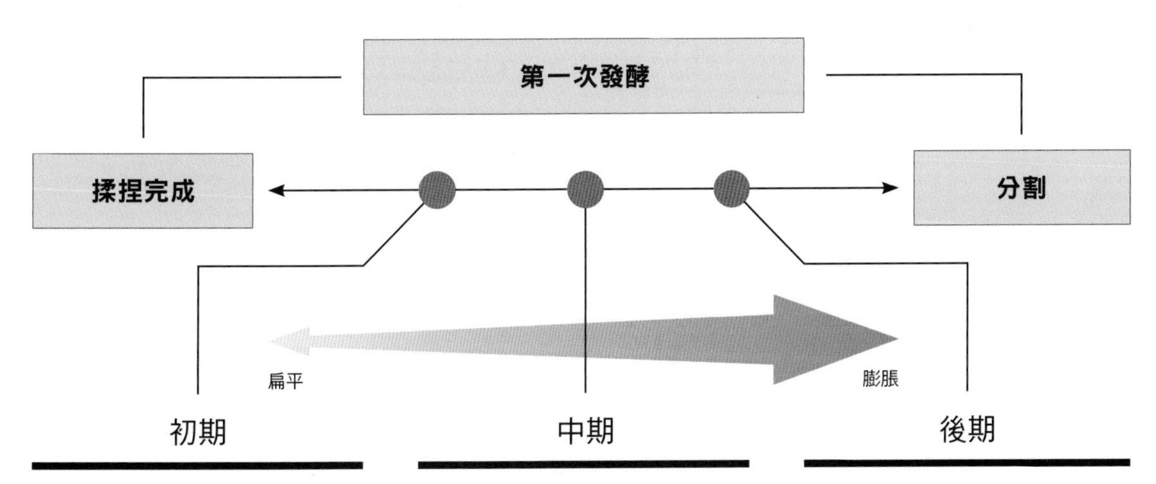

初期

揉捏完成後，趁麵團還沒形成氣泡的狀態下排氣，目的是**強化麵筋**。

中期

強化麵筋。當酵母充滿活力，產生許多氣泡，就代表二氧化碳增加。酵母從呼吸模式切換成酒精發酵後，活力就會下降。這時必須排氣翻麵，消除二氧化碳，**重新啟動酵母的呼吸模式**。

後期

強化麵筋，讓酵母更有活力。麵團揉成完畢後，外部溫度與麵團會形成溫差，使麵團開始發酵，所以愈接近第一次發酵後期，氣泡愈容易出現大小不一的情況。這時必須將麵團內側外翻，壓薄麵團後，再摺疊並排氣翻麵，讓**溫度與氣泡大小一致**。

分割、揉圓

分割、揉圓的目的是為了讓麵包的形狀與重量一致，還能重整第一次發酵後，移位的麵筋骨架鬆散度與氣泡大小。當麵筋的方向一致，不僅更容易將麵團推成想要的形狀，還能打造出整型時可承受施力的強韌骨架。

醒麵

經分割、揉圓重整後的氣泡會再次移位變大，原本強韌的麵筋骨架也會逐漸鬆散。**醒麵是能讓麵團稍微變得鬆軟，提升延展性、有助整型**的步驟。

最後發酵

類似第一次發酵。再次延展整型步驟時所重整的氣泡與麵筋骨架，同時也是決定想要的**口感、風味、鮮味、香味的最終步驟**。

烘烤

烘烤麵包**必須分成麵團的延展時間與凝固時間**。烘烤的溫度與時間，將取決於最後發酵時麵團的膨脹程度（膨發率）。這裡的麵團是指揉成後尚未形成氣泡的麵團。將此麵團視為1，來評估最後發酵時麵團膨脹率。

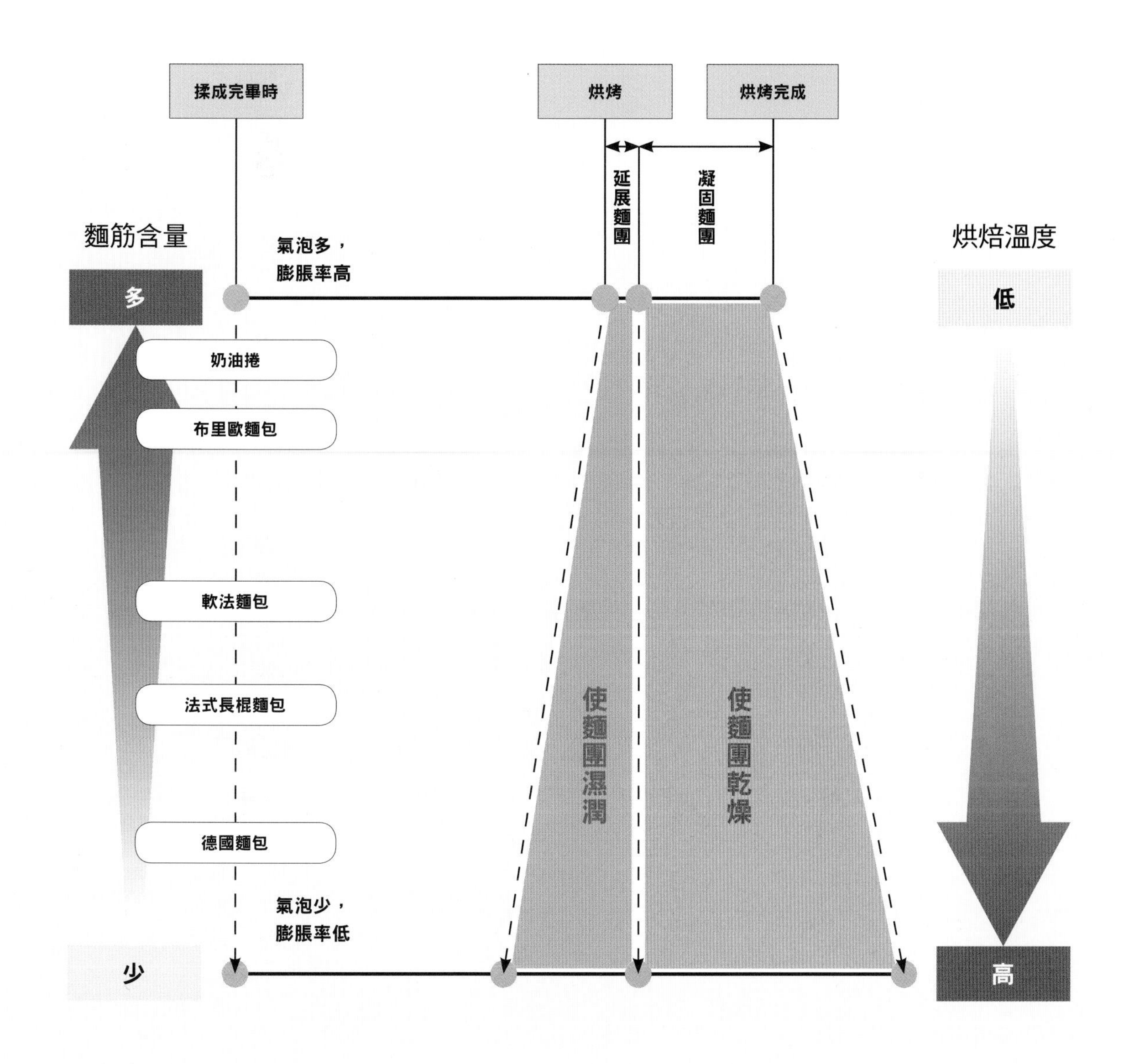

揉成時麵筋含量較多的麵團

在最後發酵時讓麵團徹底膨脹，待麵筋充分鬆弛後再烘烤。這時麵團會形成薄膜狀，所以要稍微壓低烘烤溫度。周圍的麵筋（蛋白質）則會因熱變性受損，鞏固住麵包骨架。接著，大量氣泡會快速受熱，使麵團更加膨脹。這時內側的麵筋也會凝固，澱粉徹底糊化（α化），且處於含水狀態，這麼一來就能以短時間烘烤完成。

揉成時麵筋含量較少的麵團

在最後發酵時別讓麵團徹底膨脹，待麵筋鬆弛到一定程度後，在麵團表面稍微劃出刀痕再烘烤。這時麵團會形成厚膜，所以必須以高溫烘烤。由於麵團不易受熱，麵筋（蛋白質）較難因熱變性受損，所以鞏固麵包骨架要花費比較長的時間。再加上氣泡不易受熱，麵團膨脹速度緩慢，要烘烤至澱粉徹底糊化，且處於含水狀態就必須花費相當的時間。

劃刀痕與蒸氣

當麵團表面稍微殘留彈性，經烤箱高溫烘烤後，周圍就會快速凝固，無法烘烤出應有的分量，最後只會變成縮成一小團的麵包。

所以必須**劃入刀痕，才能控制麵團在烤箱內的延展方向與幅度（寬度）。**這個動作能在麵團帶有彈性，形狀會明顯維持的部分以及無法維持的部分兩者間形成差異，讓形狀無法維持的部分能夠快速變大膨脹，烤出分量。

不過，如果這時**烤箱內很乾燥，那麼在熱傳導至麵團中央，開始變大膨脹前就會凝固，無法烤出分量。**所以必須事先**提供蒸氣，讓表面不容易凝固，麵團也能持續變大，烤出分量。**

然而，蒸氣太多會讓麵團過度膨脹，甚至延展成扁平狀，因此麵團達到想要的膨脹程度後，就一定要停止提供蒸氣。最後則是以無蒸氣模式，烤出自己想要的顏色便大功告成。

規劃配方的方法

首先，思考一下自己想要製作怎樣的麵包。
想好後便可逆向思考麵包的製程，
決定要如何執行每個步驟。
只要材料的部分也決定好後，配方就算是大功告成。
各位或許會不太習慣逆向思考平常製作麵包的過程，
不過做了幾次之後，就會抓到構思的訣竅，所以敬請加以嘗試。
這裡會將思考方式分為STEP1到STEP7，並逐一詳細解說。
接下來就請仔細思考每個步驟，
完成自己想做的麵包配方吧。

STEP 1

思考要烤出怎樣的麵包

大小呢？

- □ 小。
- □ 中等。
- □ 大。

味道呢？

- □ 基本材料（粉類、發酵種、水、鹽）主宰整體風味。
- □ 副材料（糖、油脂、乳製品、雞蛋、餡料）主宰整體風味。
- □ 基本材料與副材料同時發揮的風味。

形狀呢？

- □ 像佛卡夏一樣的扁平麵包。
- □ 像奶油捲一樣的圓形麵包。
- □ 像吐司一樣高的麵包。
- □ 像法式長棍一樣長的麵包。

口感呢？

- □ 麵包皮厚。
- □ 麵包皮薄。
- □ 麵包心鬆軟。
- □ 麵包心濕潤。

STEP 2

思考「烘烤」的溫度與時間

想要烤出怎樣的感覺？

- □ 徹底膨脹變大。
- □ 避免膨脹變大。

麵包烘烤前的大小（將影響如何膨脹）？

- □ 又小又鬆軟，不會改變材料風味的麵包→短時間低溫烘烤。
- □ 又大又濕潤的沉甸麵包→長時間高溫烘烤。

※濕潤的沉甸麵包，其實是指發酵帶來的鮮味與香味成分增加，或是麵包充滿梅納反應的鮮味及香味。梅納反應則是指胺基酸化合物與羰基化合物（葡萄糖、果糖等）經加熱所產生的化學反應，會形成烘烤色澤。

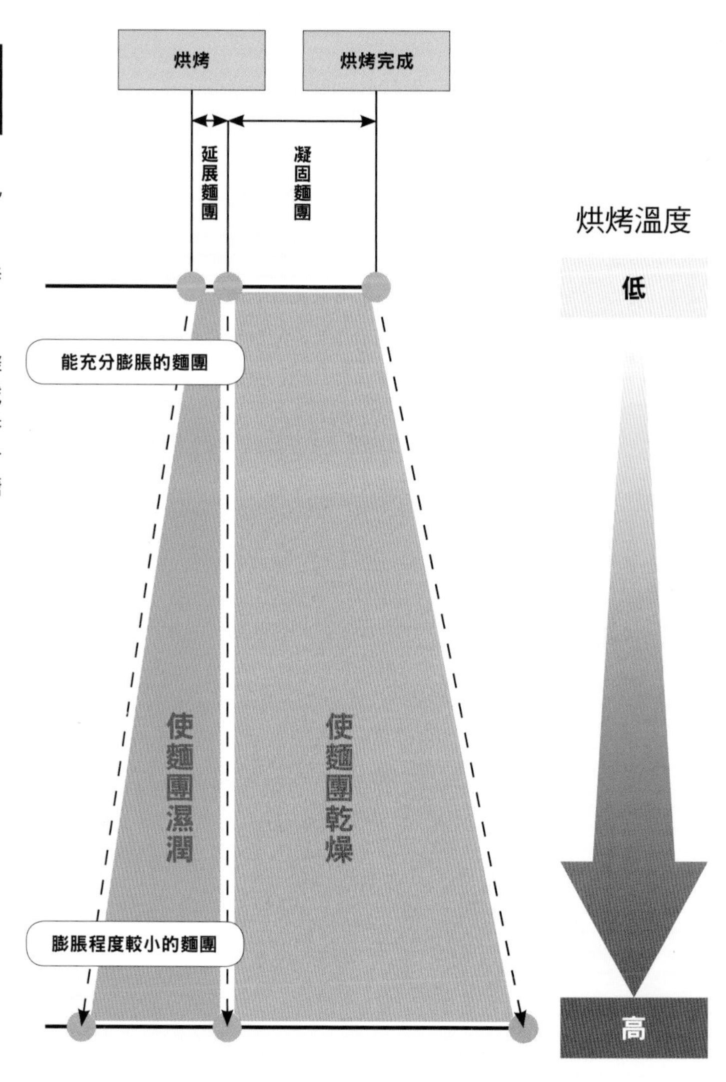

STEP 3

思考「最後發酵」的溫度、濕度、時間

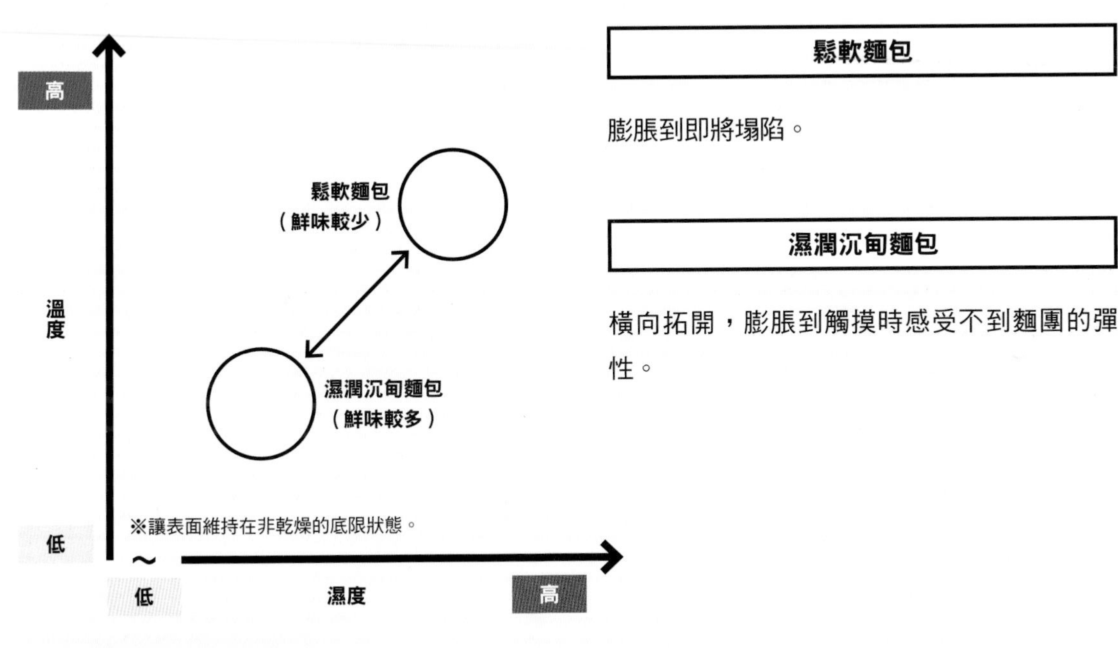

鬆軟麵包

膨脹到即將塌陷。

濕潤沉甸麵包

橫向拓開，膨脹到觸摸時感受不到麵團的彈性。

最後發酵溫度與濕度的關係

○鬆軟麵包的溫度及濕度都要偏高。

○濕潤沉甸麵包的溫度及濕度都要偏低。

○想要保留「鬆軟」但又想增加鮮味時，就要溫度偏高、濕度偏低。

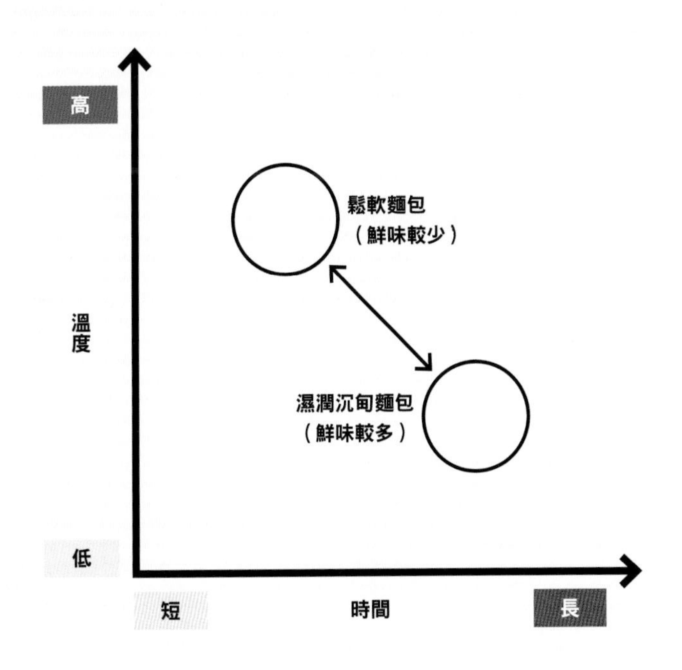

最後發酵溫度與時間的關係

○鬆軟麵包的溫度要高，時間要短。

○濕潤沉甸麵包的溫度要低，時間要長。

STEP 4

思考最後發酵所需的「整型」方法

思考鬆軟麵包的整型

做成均勻的圓形。當麵包較小，氣泡較多時就必須排氣。收口朝下，置於烤盤。

思考濕潤沉甸麵包的整型

重整形狀，讓麵團骨架錯綜複雜。無需排氣，讓氣泡分散呈現不均勻狀態。

STEP 5

思考整型前的「醒麵」與「分割、揉圓」

吐司

排出二氧化碳，揉成圓形。

法國麵包

無需排出二氧化碳，稍微捲成帶圓的形狀。

德國麵包

把原本就不會膨脹的麵團揉成圓形。

STEP 6

思考第一次發酵的溫度、濕度、時間

思考骨架強度

要透過拉扯、重疊、扭轉等排氣動作，提升鬆散麵團的強度。

思考酵母是否充滿活性

膨脹變大的麵團只要氣泡破裂，二氧化碳排出，酵母就能恢復活性。

思考氣泡差異與口感

麵團中的氣泡若不均勻或集中於一方，那麼就要將麵團內側外翻，壓薄麵團後，再摺疊並排氣翻麵。

思考酒精氣味與帶酸氣味

酒精氣味濃烈時，可用敲打等排氣動作釋出二氧化碳。帶酸氣味濃烈時，就代表pH值正急速下降，需立刻分割麵團。

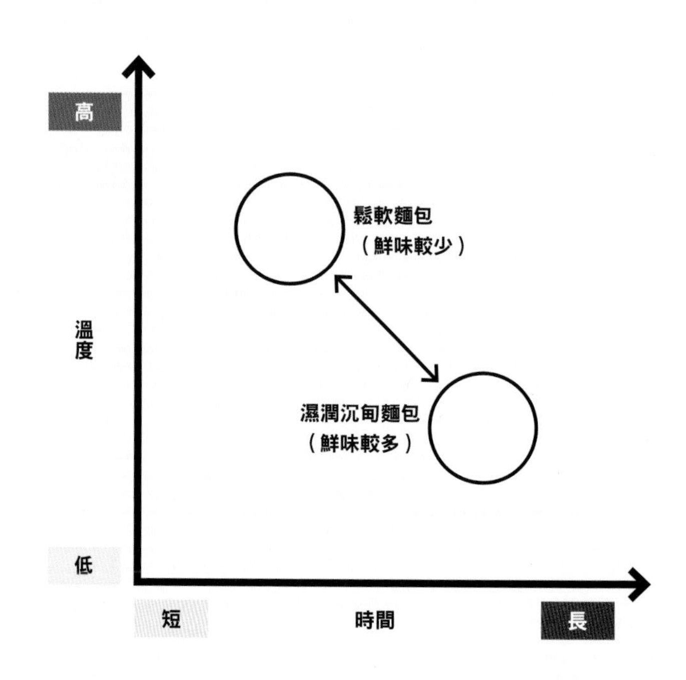

第一次發酵溫度與時間的關係

〇鬆軟麵包的溫度要高，時間要短。

〇濕潤沉甸麵包的溫度要低，時間要長。

STEP 7

思考適合第一次發酵的麵團攪拌（揉合）法

思考第一次發酵的溫度與時間

揉合方法將取決於基本材料、副材料、製法與發酵種，所以必須充分掌握特徵等相關細節，另外也要考量揉合強度及次數。

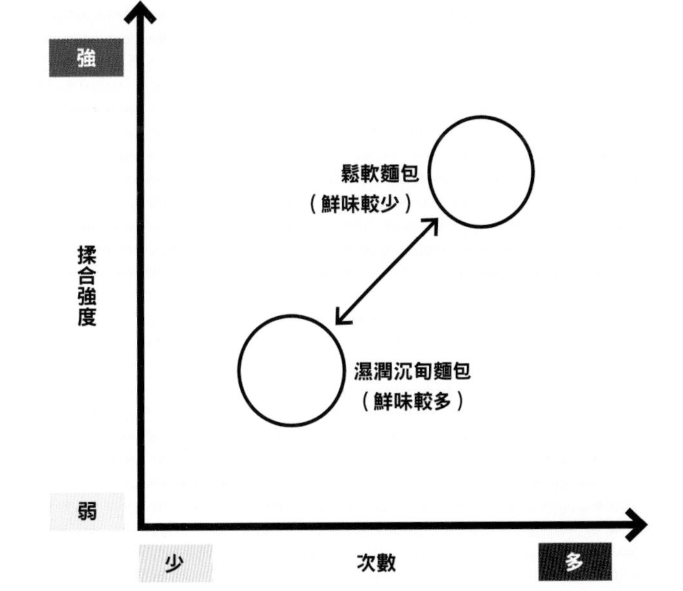

揉合強度與次數的關係

〇鬆軟麵包的揉合強度要強，次數要多。

〇濕潤沉甸麵包的揉合強度要弱，次數要少。

基本材料有4種。
麵粉、發酵種、水、鹽。

麵粉

磨成細碎狀的小麥種子。
種子由種皮、胚芽、胚乳構成，
胚乳貯藏著發芽所需的營養，
胚乳磨成細碎狀後就是白麵粉。

不同種類的小麥種子硬度會有所差異，可分為硬質小麥、中間質小麥、軟質小麥。小麥完全燃燒後會剩下灰，又稱為灰分。灰分內含鈣、鎂等礦物質，如果麵粉包裝袋上標示的灰分含量超過0.5%，味道就會變強烈。**灰分多半存在於小麥種子外側，**顏色黯淡，所以**麵粉會是灰色。白麵粉的灰分含量則相對較少。**

小麥中的蛋白質包含了與麵筋（醇溶蛋白gliadin與麥穀蛋白glutenin）有關的成分、球蛋白（globulin）、白蛋白（albumin）、蛋白（proteose）、酵素。**麵筋雖然是蛋白質，不過蛋白質並非全為麵筋。所以蛋白質愈多，麵筋含量愈多的說法是錯誤的，**務必特別留意。另外，與麵筋有關的蛋白質多半位於種子內側，種子外側的含量較少。

磨碎小麥種子的乳胚部分，其實就是磨碎澱粉的意思。製作麵包時很容易把重點放在麵筋，**但比起麵筋，由澱粉結合而成的碳水化合物風味才是麵包的口感所在。烤出來的麵包Q彈有嚼勁或是口感乾柴，都取決於澱粉的性質。**

胚乳各部位的差異性

	灰分	味道強度	顏色	硬度	粒徑	蛋白質	麵筋	澱粉	澱粉質
接近表皮處（外側）	多	濃（強）	灰	硬	大	多	少	少	粗糙
中心處（內側）	少	淡（弱）	白	軟	小	少	多	多	優質

麵粉的種類

磨碎的硬質小麥可做成「高筋麵粉」或「中高筋麵粉」，磨碎的中間質小麥為「中筋麵粉」，軟質小麥則是「低筋麵粉」。硬質小麥無法製成低筋或中筋麵粉，日本國產小麥磨碎後相當於「中筋麵粉」。

不過，市售麵粉其實很難做清楚的劃分。磨碎的中間質小麥照理說應該會是中筋麵粉，但麵筋含量較多者卻也可以做為高筋麵粉販售，麵筋含量少的有時也會被當成「中高筋麵粉」。對此，Roti-Orang將高筋麵粉與中高筋麵粉分別區分為「高筋類」與「中高筋類」。

	高筋類	中高筋類
硬質小麥	用力揉合	稍微用力揉合
中間質小麥	稍微用力揉合	輕輕揉合
軟質小麥	力道降至最輕	力道降至最輕

不同麵粉種類的揉合法

胚乳外側佔比較多的「中高筋類」麵粉麵筋含量少，揉合力道要輕柔。胚乳中心佔比較多的「高筋類」麵粉麵筋含量多，揉合力道要偏強。

發酵種

發酵種就是指酵母。

可分為市售酵母、天然酵母與自製酵母。

使用於麵包烘焙的酵母為酵母屬（Saccharomyces），主要有釀酒酵母（Saccharomyces cerevisiae）中的艾爾酵母、貝酵母（Saccharomyces bayanus）中葡萄酒酵母，以及巴氏酵母（Saccharomyces pastorianus）中的的拉格酵母。

酵母分類

酵母吸收並分解養分後會充滿活力。酵素負責分解養分，如果要讓酵母充滿活力，酵素是否具活性就很重要。這將取決於**溫度、氧氣、營養（養分）、pH（酸鹼值）、水分5項條件。**

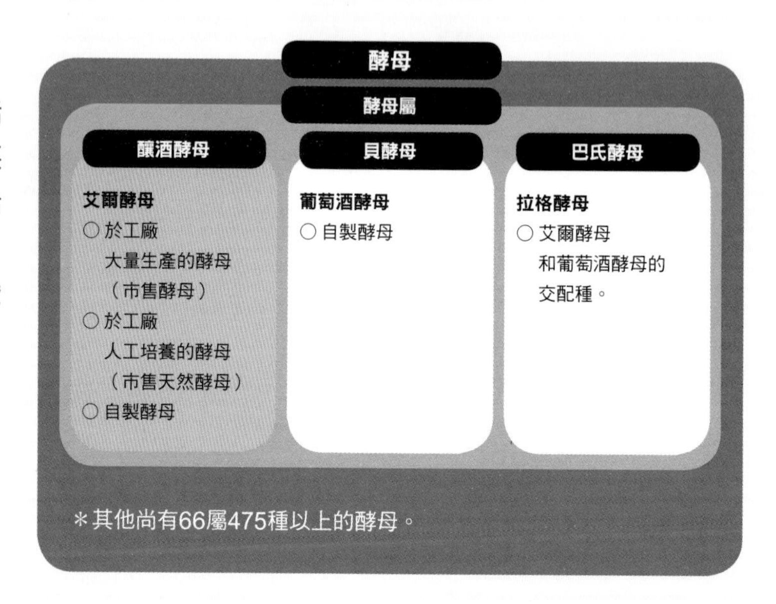

溫度

酵素與酵母的**適溫皆為4～40℃**。當溫度來到4℃時，酵素會開始分解養分，30～40℃時酵素的活性會達到高峰，一旦超過40℃，分解速度就會瞬間變慢。

酵素是由蛋白質組成，超過50℃時蛋白質會開始變形。一旦超過60℃，就會因熱變性受損。**酵素有效率地分解養分的同時，酵母就能增生旺盛，讓麵團充分膨脹。**

氧氣

狹義的發酵是指「酒精發酵」，不過酵母會呼吸，所以也需要「氧氣」。若只是單純的酒精發酵，那麼不僅相當耗時，還會變成酒精氣味濃烈的麵包。**想要麵包膨脹的話，可不能少了酒精發酵與氧氣。**

營養（養分）

酵母可分為兩種類型，一種**專食麥芽糖**，適合用來製作LEAN類（低糖油成份配方）麵包，特色在於麥芽糖分解酵素的活性較高。另一種則**專食蔗糖（砂糖）**，屬於耐糖性酵母，擁有較高的蔗糖分解酵素活性。

pH（酸鹼值）

pH介於5～6的弱酸性時，酵母活性較高。若酸鹼值明顯偏酸性或偏鹼性，酵素會遭受破壞。

水分

酵素要在水中才能起作用，所以不可少了水分。

關於「揉成溫度」

是指揉合好的麵團溫度。**設定溫度的目的，是為了讓酵母有效率地分解營養素，釋出能量，並讓酵素增生旺盛。**麵團的狀態會因揉成溫度而改變，在製作麵包過程中是很重要的一部分。

揉成溫度	麵團狀態
過低（5～10℃）的話	酵素不易起作用，導致酵母缺乏活力，麵團難以膨脹。
10～20℃	酵素與酵母皆作用緩慢，麵團雖然會膨脹，卻是橫向拓開。
20～25℃	酵素與酵母皆會起作用，麵團會稍微膨脹。
25～30℃	酵素與酵母皆作用旺盛，能讓麵團同時朝橫向與縱向膨脹。

水

製作麵包時會使用水，是為了打造出麵粉吸水與酵母生長所需的環境。
使用水的同時，還必須了解**硬度、pH以及水活性三項特性表現。**

硬度

硬度，是用數字來表示溶於水中的無機鹽類（礦物質）換算成碳酸鈣的含量。
製作麵包時，水的硬度將關係到麵團的緊實表現。當硬度較高，麵團會太過緊實，變得難以膨脹。若是麵筋含量較多，或較不柔軟的麵團，只要水的硬度較低，讓麵團緊實程度適中，就能膨脹成漂亮的形狀。反觀，如果是麵筋筋性較差，或太過柔軟的麵團，就必須靠高硬度的水保留下形狀。一般而言，經充分揉合的奶油捲或法式白吐司只要搭配硬度為60左右的水，就能烤出漂亮形狀。
日本的自來水硬度大約為30～50。製作法國麵包時，如果能讓水接近法國自來水的硬度（200～300），照理說就能烤出頗為道地的成品。

pH（酸鹼值）

pH，是用數字來表示溶於水中的氫離子濃度。
就算pH只差個1，仍會帶來非常大的影響。有時差1的影響可以到10倍。pH差個2的話，甚至會使差異擴大成100倍（以對數函數的公式來看）。所以在說明pH值時，多半會詳細地寫出小數點後第一位。
絕大多數的**酵母在弱酸性（pH＝5～6）**狀態下就會充滿活性，使用稍微帶酸性的水會比**鹼性水更快讓酵母變得有活性。**

水活性（結合水與自由水）

在麵團中，水可區分成「結合水」與「自由水」。
「結合水」會與蛋白質、糖分、鹽等確實結合，形成水分子動彈不得的狀態。卻也因為微生物無法使用水，所以較不易腐敗。**「自由水」則是指非「結合水」的水。**「自由水」的水分子能自由活動，因此容易結冰、容易氣化，微生物也能輕鬆運用，當然就容易腐敗。
製作麵包時，若**「結合水」較多，麵包會較濕潤，可長時間存放。**不過，想讓酵母充滿活性，也需要豐富的「自由水」。
水活性是指「結合水」與「自由水」的佔比，「自由水100％＝水活性1」，當「水活性」小於1且數字愈小，就表示微生物愈難繁殖，酵母也會失去活性。

鹽

鹽在麵包製作時**有四種功用**。

功用①
提味（對比效果）

存在不同味道時，**加鹽能強烈襯托出另一個味道**。使用在LEAN類（低糖油成份配方）麵包上則能襯托出麥香味。

功用②
使蛋白質變性（胺基與羧基）

讓麵筋等蛋白質溶解變性後，就能使麵團緊實，同時還能**抑制酵素活性**。

功用③
製作結合水，抑制微生物繁殖

鹽可以製作結合水，提升保水力，卻也會**抑制微生物的繁殖**，使酵母不易起作用。加鹽還有有助麵包形成烘烤色澤。

功用④
提高滲透壓，產生脫水作用

當滲透壓變高，奪走酵母內的水分，使酵母不易起作用。

鹽的使用方法

鹽不只能讓麵筋變得緊實，還會深深影響味道。建議各位依照麵筋含量，斟酌鹽的用量及種類。

A 麵筋含量較多時，過量的鹽會使麵筋太緊實，導致麵團延展性變差，因此需減少用量。

B 麵筋含量較少時，使用較多的鹽同樣能讓少量麵筋得以變緊實，維持住應有形狀。用鹽量較多雖然會變得比較鹹，但只要改用鹽滷成分較高的鹽，就能降低鹹味。

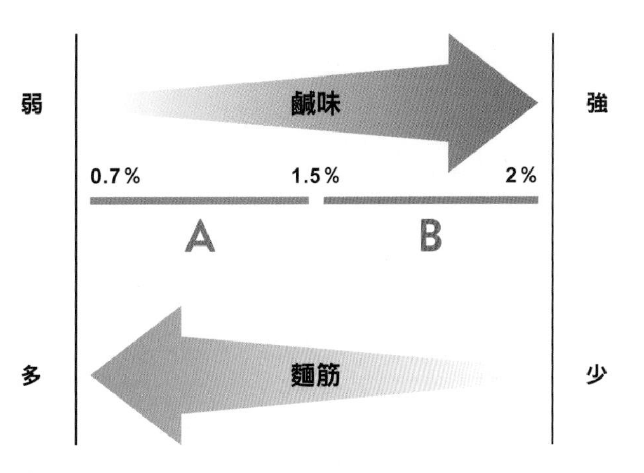

副材料有五種。糖類、油脂、乳製品、雞蛋、餡料。

糖類

糖類會輔助酵母與水，對麵粉卻會帶來負面影響，同時也會影響麵包的味道及烘烤色澤。

輔助酵母

主成分為**蔗糖的糖類，會是直接供應酵母生存所需的營養來源**，由**澱粉分解而成的麥芽糖則屬於間接養分。**

為了讓酵母作用時能充滿活性，添加比例為**麵粉的0～10%**。過量（10～35%）時，滲透壓作用會抑制酵母的發酵速度，一旦糖的添加比例超過50%，酵母的發酵速度就會急速下降。

輔助水

砂糖（蔗糖為主要成分之糖類）具備能與水緊密結合的特性（結合水），只要在**麵團中加入結合水，就能做出口感濕潤又能長時間存放的麵包。**

蜂蜜等液狀糖類本身就含有結合水，所以後續加水時，要扣掉液狀糖類的結合水量（蜂蜜的話大約要扣除20%）。

對麵粉帶來負面影響

形成麵筋雖然不需要砂糖，不過**對酵母而言，砂糖就是氧分**，所以還是有其必要。也因為這樣，如果麵粉在形成麵筋前，麵團中帶有不必要的砂糖，那麼麵團的完成時間就會拉長。

味道

能夠帶出甜味與風味。加了砂糖就能**直接感受到甜味**，酵母分解糖後，會形成酒精、乙醛、酮體、酯化物等副產物，這些也是**風味成分**。

烘烤色澤

砂糖經高溫烘烤後，會形成焦糖化的烤色，以及砂糖與蛋白脂（胺基酸）遇熱後，梅納反應（參照P.20）所形成的烘烤色澤。另外，依照烘烤溫度、時間、蛋白質種類，還能同時形成各種氣味成分。

單純以基本材料製作麵包時，**漂亮的烘烤色澤及美味的氣味主要來自於梅納反應**，因此可選用蛋白質含量較多的麵粉。如果是以麵筋含量較多的麵粉（標示為蛋白質含量較少的高筋麵粉）製作烘烤麵包，出爐的成品雖然膨鬆，卻也會少了股馥郁香味。

油脂

麵包製程中，**油脂在味道表現**與麵筋延伸上扮演著輔助角色。

味道

賦予油脂特有的**味道及香氣**。

輔助麵筋延展

油脂可以增強或減弱麵粉中形成的麵筋骨架。麵筋可以「延展」及「收縮」，**麵粉與水攪拌後，麵筋在麥穀蛋白的作用下會開始收縮**。揉合麵團時會同時出現「延展」及「收縮」兩種作用，就在不斷揉合的過程中，「收縮」力道會愈趨強烈。這時再加入相同硬度的油脂（固體），**油脂就會像是潤滑油一樣，為「延展」給予助力**，打造出輕盈膨軟的麵包。

在揉合前就連同水一起加入油脂（液體）的話，反而會妨礙揉合的「收縮」，造成負面影響，變成只會「延展」的麵團，做出來的麵包則會非常脆硬。

油脂與麵包的搭配性

油脂

固體（硬的）

奶油
可提升濃郁及香氣表現，適合用在味道強烈的麵包上。無鹽奶油可省去鹽分濃度的調整，使用上較為方便。

起酥油（不含反式脂肪）
適合用來製作LEAN類（低糖油成份配方）的鬆軟麵包。因為起酥油無色無味，也很適合用在想展現副材料味道及香氣的時候。

液體（軟的）

沙拉油
氣味淡，適合用來製作清淡口感爽脆的麵包。

橄欖油
帶氣味，適合用來製作能享受香氣與味道，口感爽脆的麵包。

乳製品

乳製品能夠控制味道及口感，同時有助增添烘烤顏色。

味道

能為麵包增添基本材料缺乏的乳類濃郁度及風味。

控制口感

透過麵筋骨架來打造麵團時，雖然會在麵粉加水攪拌，不過乳製品中的脂肪比例其實能改變麵筋的形成方式。我們使用的乳製品乳脂含量介於0～45%。隨著乳製品乳脂含量的多寡，既能完美地銜接起麵筋骨架（膨鬆的麵包），也能阻撓骨架形成，使麵筋碎裂（酥脆的麵包）。使用粉狀的脫脂奶粉會讓麵團變硬，導致酵母不易起作用，因此脫脂奶粉的配方比例需設定為8%以下，避免妨礙酵母發酵。

增添烘烤顏色

添加含有乳糖及乳蛋白的乳製品時，會受梅納反應（參照P.20）影響，烘烤出顏色漂亮及香氣四溢的麵包。表面塗上鮮奶加以烘烤的話，還能增添光澤與香氣。

＊乳糖及乳蛋白是指乳製品所含的糖分與蛋白質。

乳製品在烘焙上的差異

乳製品	麵筋	結果
鮮奶油（乳脂含量多）	不易形成麵筋	酥脆的麵包
鮮奶（乳脂含量少）	形成少量麵筋	酥脆鬆軟的麵包
脫脂奶粉（不含乳脂）	容易形成麵筋	鬆軟的麵包

雞蛋

製作麵包的雞蛋要**分成蛋黃與蛋白使用，兩者在輔助基本材料上扮演著不同的功用。**

蛋黃的功用

提升濃郁度及風味。蛋黃富含能起乳化作用的卵磷脂，因此蛋黃中的脂肪能充分與水混合，揉合麵團時的手感會更滑順。也因為這樣，就算接著在麵團中加入帶硬度的油脂也能融合，間接**幫助麵筋骨架的延展。蛋黃的乳化作用還能提升保水性。**

蛋白的功用

蛋白中約90%為水分，剩餘部分則多半是以白蛋白為主要結構的蛋白質。烘烤時，蛋白質會受熱變性凝固，**補強麵筋骨架**。此外，受熱變性的過程中，若麵團含糖分，那麼梅納反應就會變得劇烈，讓麵包烤色更漂亮。不過，蛋白裡的水分會在烘烤時消失，因此添加蛋白的缺點就是會讓麵包成品變得乾燥。

蛋黃與蛋白的用法

製作麵包時必須**調整蛋黃與蛋白的比例**，當全蛋用量超過麵粉的30%時，蛋白的影響就會變大，這時必須增加蛋黃量，避免麵包變得乾柴。若是加入大量油脂的配方，就必須充分發揮蛋黃的乳化作用，這時要維持蛋白量，增加蛋黃用量。

餡料

餡料可分為**甜餡料、鹹餡料，**
還有加熱會融化的餡料、果乾、堅果等。

甜餡料

餡料表面帶有結晶的砂糖（大納言紅豆、糖漬栗子等）。麵團裡的水分會因為糖的滲透壓浮出甜餡料表面，使麵團脫水（負面影響）。這時必須減少餡料配比，或增加麵團的用水量。不過，**浮出表面的水分**為結合水，並不會乾掉，所以會維持**濕黏狀態**附著於麵團上。

鹹餡料

起司、青海苔、櫻花蝦等。**鹹餡料能提升麵團的緊實度（正面影響）**。可先考量麵團麵變緊實的程度，並於即將**揉合好麵團前加入餡料**。若想放入較多的鹹餡料，則可稍微增加麵團的用水量，將能讓緊實度達最佳狀態。

加熱會融化的餡料

巧克力、起司等。**這類餡料雖然會讓麵團趨於緊實，不過經烘烤融化後，餡料周圍的麵團會明顯遭擠壓**。尤其是使用大塊餡料時，若麵團被擠壓，導致不易受熱的話，就很容易形成空洞，因此建議加工成小塊後再使用。

果乾

葡萄乾、杏桃乾等。果乾表面的糖會形成滲透壓，直接使用將使麵團裡的水分滲出，這些水分會滲透至果乾中，**導致果乾周圍的麵團變得又乾又硬**。為了避免麵團變乾，可事先**剁碎果乾，或是做糖漬、酒漬處理**。另外，如果是**表面有附著油類的果乾，則可用溫水沖掉表面油分**後，再浸漬糖漿或酒，這麼一來就能避免麵團變硬。

＊製作果乾時，用相同水果製成的酒來醃漬會非常相搭，像是葡萄乾×紅酒、蘋果×蘋果白蘭地。

堅果

杏仁、夏威夷果、山核桃等。要依照**堅果的大小與烘烤程度來做不同的運用**。

顆粒愈大愈能充分感受到堅果的口感，顆粒較小的話，口感表現會變柔和，堅果的存在感也會變淡。堅果粉的口感表現均勻，雖然較難感受到堅果的存在，卻能為濃郁度加分。

另外，深度烘烤過的堅果香氣濃郁，可提升存在感，僅稍加烘烤的堅果雖然香氣較不明顯，卻能襯托出其他餡料的味道及風味。使用深度烘烤過的堅果來做麵包時，短時間的烘烤基本上不會有問題，但時間太長的話，麵包表面的堅果可能會因此烤焦，務必特別留意。

關於製法

麵團的製法可分為**基本的直接法，以及直接法搭配「酵種」添加的作法**。
添加**「酵種」的作法又可分為全加法（all-in）、自我分解法（autolyse）、**
加水法（bassinage）、老麵法、中種法、Biga義式硬種法、波蘭液種（Poolish）法、
湯種法等製法。接著就來跟各位解說每種方法的特徵及優缺點。

	直接法	全加法	自我分解法
方法說明	・一次就把所有材料使用完畢的基本作法。	・直接法會於後半階段加入油脂，全加法則是在一剛開始的時候就加入油脂。	・先將粉類、水，若有必要時則加入麥芽並予以攪拌。稍作靜置後，加入酵母攪拌，接著再加鹽。
優點	・一次就能準備好。 ・攪拌也只需要一次。	・油脂會阻礙麵筋骨架的形成，使骨架容易破碎，做出來的麵包口感也會比較脆。 ・一開始就加入油脂，能較均勻地分散於麵團中。 ・做出來的麵包氣泡細緻且分布均勻。	・可以順利形成麵筋骨架。 ・維持二氧化碳的能力偏強，能靠酵素（澱粉酵素）分解澱粉。 ・可形成甜味或提供酵素養分。
缺點	・副材料較多時，會阻礙麵筋骨架的形成，拉長所需時間。	・保水力較弱，容易變得乾柴。 ・如果酵母含量較少，內層容易分布不均，使二氧化碳的維持能力變弱，將較難呈現出鬆軟口感。	・靜置時間過長的話，酸味會變強烈，還有雜菌繁殖的疑慮。 ・酵素不只分解澱粉，也會分解掉蛋白質，對骨架的形成帶來風險。

加水法（bassinage）	老麵法	中種法
・於已經攪拌過一次的麵團中，再添加水分。	・製作麵團時，加入部分前一天做好的麵團予以攪拌。 ・混入已熟成的麵團，打造成風味多元的麵包。	・將部分麵粉與水、酵母攪拌，待發酵後再加入剩餘材料攪拌。 ・分2次攪拌能提升麵筋的延展性，做出來的麵包也會較穩定。
・能形成大量且強韌的麵筋骨架。 ・揉合至帶點硬度後再加水就能使麵團鬆散，薄膜則能呈現出濕潤保水的口感。 ・放入烤模發酵，再以高溫烘烤凝固加熱的話，就能烤出往上延展的麵包。	・有助提升味道及風味表現。 ・麵筋會稍微增加，因此可縮短揉合時間。 ・pH值為弱酸性，因此製作主麵團時添加的酵母狀態會更趨穩定。 ・麵粉與水長時間接觸，能稍微維持住保水力。 ・酵種麵粉是以麵粉100%計算出烘焙百分比。	・多少能增進味道及風味表現。 ・麵筋骨架變得紮實，可縮短揉合時間。 ・pH值為弱酸性，因此製作主麵團時添加的酵母狀態會更趨穩定。使用的酵種屬於硬種，能充分與麵粉、水結合，稍微提升保水力。 ・可縮短發酵時間。 ・酵種麵粉是以麵粉100%計算出實際百分比。
・加水會使變麵團鬆散，表面也容易塌陷，較難保留住整型的形狀。 ・因為加入的水是自由水，容易使麵團乾燥。也因為是將水加入不均勻的麵粉，所以會形成不均勻的內層（部分的骨架鬆散，部分骨架則較硬），有損口感。 ・因麵團質地不均勻，烘烤方式也需多加留意。	・需要攪拌2次。	・麵團偏硬，微生物不易發揮作用，因此需要較多的酵母。 ・用在酵種的麵粉水和量感覺稍嫌不足。 ・需要攪拌2次，耗時費工。 ・酵種的發酵溫度如果較高，就必須冷卻發酵好的酵種，才能避免製作主麵團時，麵團的揉成溫度過高。

	Biga義式硬種法	波蘭液種法	湯種法
方法說明	·義式中種法，最大特徵在於揉成溫度低，會放在陰暗處長時間持續發酵。	·先將水與酵母加入麵粉中發酵成麵種後，再將此麵種加入麵粉，攪拌製成麵團。 ·關鍵在於酵的用水量必須大於麵粉量。 ·事先發酵能提升麵團的伸展性與味道。	·先以熱水揉合酵種麵粉，讓澱粉糊化（α化）後再加入麵粉攪拌製成麵團。 ·成品口感Q彈，能長時間維持美味狀態。
優點	·發酵能讓味道及風味大大加分。麵筋骨架變得紮實，可縮短揉合時間。 ·pH值為弱酸性，因此製作主麵團時添加的酵母狀態會更趨穩定。 ·使用的酵種屬於硬種，能充分與麵粉、水結合，稍微提升保水力。 ·酵種的酵母會因為發酵變得增生旺盛，可縮短主麵團的發酵時間。 ·酵種麵粉是以麵粉100%計算出實際百分比。	·味道與風味會明顯提升。 ·接近液體般的柔軟度有助微生物的活動性，所以添加些許酵母即可。 ·pH值為弱酸性，因此製作主麵團時添加的酵母狀態會更趨穩定。 ·使用的酵種柔軟，麵粉與水能黏合在一起，擁有極高的保水力。 ·麵筋骨架脆弱易斷，製成的麵包口感脆硬。 ·酵種麵粉是以麵粉100%計算出實際百分比。	·小麥澱粉受熱後會糊化，能擁有極高的保水力。 ·酵素（澱粉酵素）在70℃以內都還具備活性，能分解澱粉，增添些許甜味。 ·酵種麵粉是以麵粉100%計算出實際百分比。
缺點	·較難維持環境陰涼與穩定的發酵條件。 ·用在酵種的麵粉水和量感覺稍嫌不足。 ·需要攪拌2次較費工夫。	·需較長的發酵時間。 ·麵筋骨架脆弱易斷，攪拌動作要輕柔，時間要拉長。	·味道與風味不會有變化。 ·麵粉的麵筋受損，骨架變脆弱，會變成含有大量水分的沉重麵團，所以烘烤成麵包後容易塌陷，內層也會太過紮實。 ·湯種的pH值無助於穩定酵母。

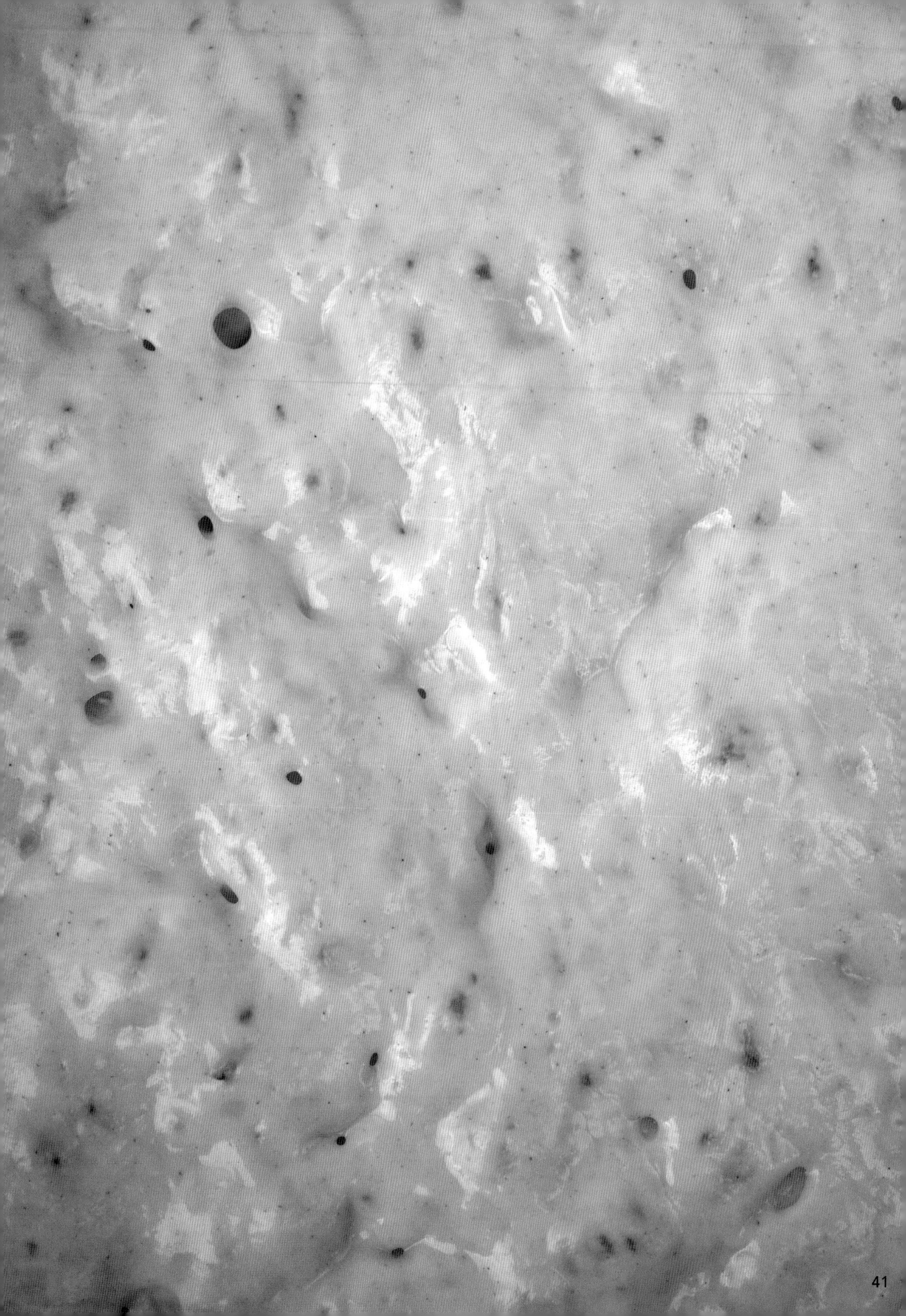

各種製法的步驟

各種製法的步驟不盡相同。
接著就以基本的直接法步驟為基準，
看看各種製法的差異吧。

基本的直接法

〈主麵團〉

攪拌　麵粉100%

將材料拌勻，仔細揉合，打造出所需骨架。要避免大幅度地動到麵團。

↓

第一次發酵

透過發酵增添鮮味並讓麵團膨脹。麵團在大幅膨脹的過程中也要確認骨架強度。若骨架鬆散脆弱，酵母的活性表現與氣泡大小也會變得不均勻，所以要視情況排氣翻麵。

↓

分割、揉圓

為了維持骨架中逐漸變弱的氣泡，這時需讓表面帶有彈性，同時補強骨架、重整形狀與氣泡。

↓

醒麵

邊確認骨架強度，再讓麵團稍微膨脹些。

↓

整型

補強目標所需的骨架，重整麵團形狀。

↓

最後發酵

在骨架開始變脆弱前讓麵團充分膨脹。

全加法

〈主麵團〉

攪拌　麵粉100%

將材料拌勻，仔細揉合，打造出所需骨架。作法與直接法相同，但一**開始就會先加入油脂類**。

↓

第一次發酵後的步驟與基本的直接法相同。

自我分解法

〈麵團〉

攪拌　麵粉100%＋水（＋麥芽精）

促進麵粉中的酵素活性，以增添鮮味及甜味。麵筋骨架能迅速且順利銜接，因此只需**輕輕攪拌**，直到沒有粉狀感時便可停止。**作業時間要短**。

↓

〈主麵團〉

攪拌

在麵團**加入酵母，最後加鹽**，讓骨架變緊實。

↓

第一次發酵後的步驟與基本的直接法相同。

加水法

〈酵種〉

攪拌　麵粉100%

與基本的直接法中，製作主麵團的攪拌方式相同。不過，事後添加的水可能會讓骨架變鬆散，所以要確實**打造出強韌骨架**。

↓

第一次發酵

骨架會鬆散變脆弱，且橫向拓開，所以要視情況排氣翻麵，盡早強化骨架。

↓

分割、揉圓

與基本直接法的主麵團分割、揉圓相比，要更著重形狀的重整，以強化骨架。

↓

醒麵後的步驟與基本的直接法相同。

老麵法

〈酵種〉

攪拌　麵粉100%＋水＋酵母＋鹽

↓

到第一次發酵為止的步驟與基本的直接法相同。

↓

〈主麵團〉

攪拌

與基本的直接法相同。

↓

第一次發酵

膨脹表現較佳，較能維持住骨架與氣泡，能稍微增添鮮味。

↓

分割、揉圓後的步驟與基本的直接法相同。

中種法（約30%）

〈酵種〉

攪拌　麵粉30%＋水＋酵母

用力攪拌到沒有粉狀感。就算麵團沒有光澤或不均勻也沒關係。

↓

〈主麵團〉

攪拌　麵粉70%

麵團的骨架強度會比基本的直接法高出3成左右，所以要用較強的力道揉合。

↓

第一次發酵後的步驟與基本的直接法相同。

中種法（約60%）

〈酵種〉

攪拌　麵粉60%＋水＋酵母

用力攪拌到沒有粉狀感。就算麵團沒有光澤或不均勻也沒關係。

↓

〈主麵團〉

攪拌　麵粉40%

麵團的骨架強度會比基本的直接法高出6成左右，所以要非常**使勁且大幅度**揉合。

↓

第一次發酵

中種麵團在酵種階段就已完成6成的發酵，所以發酵時間無需太長（**最少約20分鐘**）。

↓

分割、揉圓

骨架非常紮實，只需重整形狀即可，幾乎看不見氣泡。

↓

醒麵後的步驟與基本的直接法相同。

Biga義式硬種法

〈酵種〉

攪拌　麵粉20～100%＋水＋酵母

用力攪拌到沒有粉狀感。就算麵團沒有光澤或不均勻也沒關係。揉成溫度**偏低**，為18～22℃。發酵溫度同揉成溫度，但時間**較長**，為12～20小時。小麥的鮮味表現會優於中種法。

↓

〈主麵團〉

攪拌後的步驟與中種法相同。

湯種法

〈酵種〉

攪拌　麵粉20%＋熱水（80℃以上）（＋鹽）

充分將材料**攪拌均勻**，溫度不燙手後便可結束作業。澱粉酵素活性會讓甜味增加，澱粉糊化（α化）則會提升Q彈度。不過，蛋白質（麵筋骨架）會因熱變性導致**骨架嚴重受損**。

↓

〈主麵團〉

攪拌　麵粉80%

湯種糊化會變得不易拓開，較難形成麵筋骨架。所以需使用比基本直接法**更弱的力道長時間**揉合。

↓

第一次發酵

骨架脆弱，所以不會過度膨脹。

↓

分割、揉圓後的步驟與波蘭液種法相同。

波蘭液種法（約30%）

〈酵種〉

攪拌　麵粉30%＋水＋酵母

充分將材料**攪拌均勻**。

↓

〈主麵團〉

攪拌　麵粉70%

用比基本直接法更**弱的力道**長時間輕輕揉合。

↓

第一次發酵

初期可以做點排氣翻麵動作來補強骨架。膨脹程度會比基本的直接法稍微小一些。較快膨脹的骨架雖然很快就會變脆弱，卻也富含相當的鮮味。

↓

分割、揉圓

重整形狀，讓麵團骨架比基本的直接法更強韌。

↓

醒麵後的步驟與基本的直接法相同。

波蘭液種法（約60%）

〈酵種〉

攪拌　麵粉60%＋水＋酵母

充分將材料**攪拌均勻**。

↓

〈主麵團〉

攪拌　麵粉40%

用比基本直接法**稍弱的力道**揉合。

↓

第一次發酵

麵團骨架脆弱，所以可進行多次補強用的排氣步驟。麵團的膨脹程度不會太大。

↓

分割、揉圓

麵團骨架脆弱，所以要用力且確實地重整形狀。

↓

醒麵

鬆散速度快，因此要縮短醒麵時間。

↓

整型後的步驟與基本的直接法相同。

不同製法所帶來的鮮味與口感差異

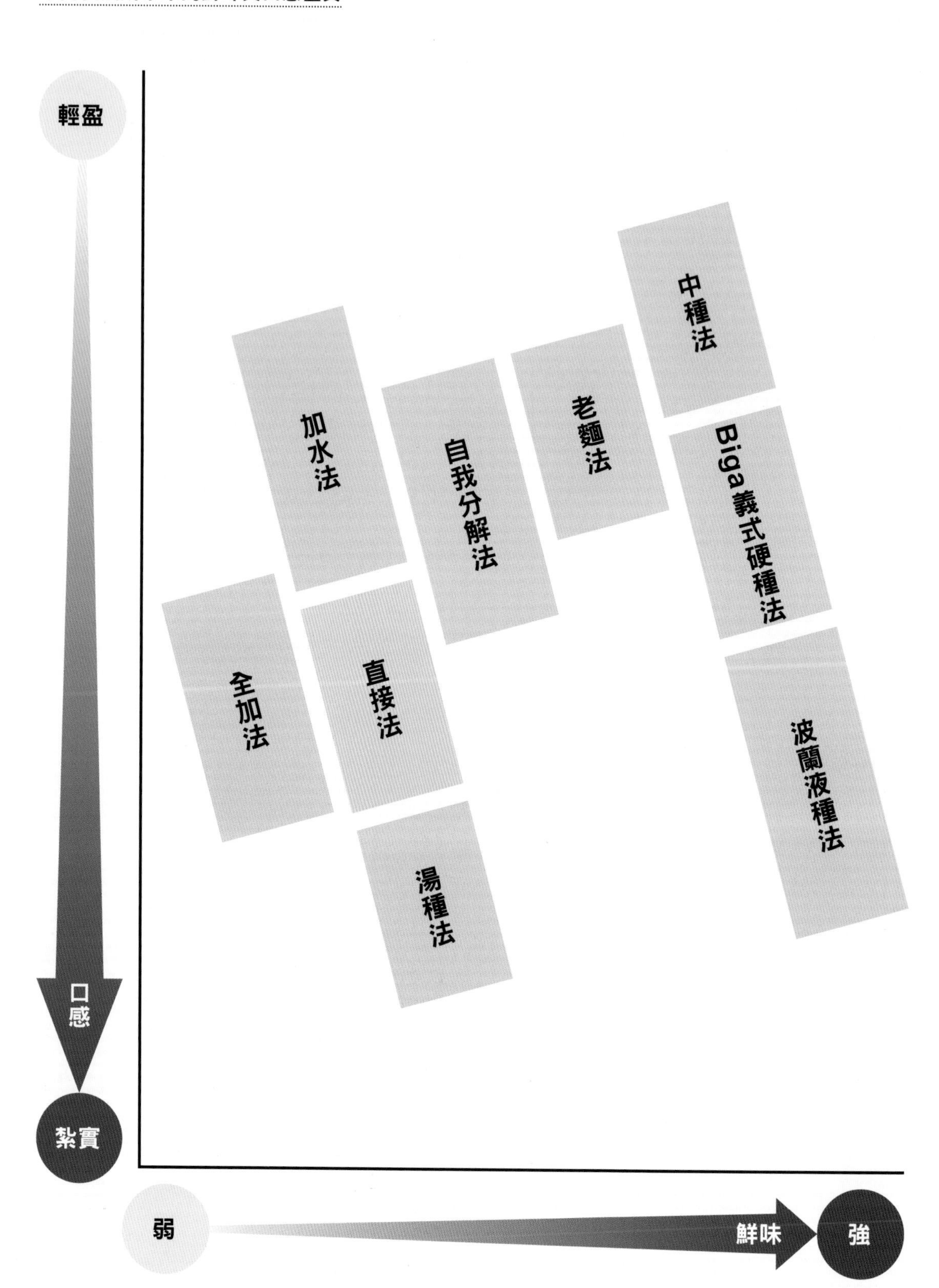

製作麵包時，發酵種如何發揮作用

介紹基本材料時雖然已經談過了發酵種（參照P.28），
但接下來要介紹以整體的角度探討麵包製作時，
Roti-Orang在決定麵包的味道與口感過程中，是如何選用發酵種以發揮更大的效果。

發酵種如何發揮作用

發酵種的種類與發酵時間會對麵包風味帶來極大差異。

發酵種	菌種	發酵時間	種類
注重口感的單一酵母菌 （以發酵力強大的酵母為主角）		**短時間** 口感輕盈（非常軟綿）	酵母 白神 十勝野（野）
		長時間 口感略微輕盈（稍微軟綿）	
注重香味與美味的發酵種 （以酵母菌為主角的微生物＋養分）	**單一酵母菌＋養分**	**短時間** 香味與美味表現薄弱， 但容易膨脹，口感輕盈	水果種 優格種（不含麵粉） 酒種等
		長時間 香味與美味表現略微強烈， 會稍微膨脹，口感較為輕盈	
	複合酵母菌＋養分	**短時間** 香味與美味表現較為複雜， 會稍微膨脹，口感較為輕盈	
		長時間 香味與美味表現複雜， 不易膨脹，口感略顯沉重	
注重酸味的發酵種 （以酵母菌與乳酸菌 為主角的微生物＋養分）	**複合酵母菌＋複合乳酸菌**	**長時間** 香味、美味與酸味 表現變得強烈，會稍微膨脹， 口感沉重	魯邦種 裸麥酸種 啤酒花種 優格種（含麵粉） Panettone種 Biga義式硬種等

發酵種選擇法

狀態穩定的麵包
美味表現與膨脹程度穩定
單一酵母（酵母Yeast、白神、十勝野）
狀態不穩定的麵包
複雜的美味與口感
多數的微生物
狀態略微不穩定
使用已經存在的微生物（市售品）。
能充分膨脹，會甜＝星野（ホシノ）天然酵母、AKO酵母
略酸＝Panettone Mother、SAF魯邦種
狀態更加不穩定
→自製酵母
注重麵粉的鮮味與酸味時
（利用附著於麵粉的微生物）
乳酸菌為主角、酵母菌為配角。
發酵種＝魯邦種、酸麵種、Panettone種
注重「要能充分膨脹」時
（形成大量氣泡）
酵母會不斷產生二氧化碳
不含麵粉類型的造酒初期（萃取精華）
水果種、酒種、啤酒花種、啤酒酵母
含麵粉類型（元種）
水果種、酒種、啤酒花種、啤酒酵母
大量使用
培養萃取精華的香氣非常重要
沒什麼麵粉味
以酵母量做管理使用
膨脹過程中，趁酵母還充滿活性時就停止發酵
少量使用
會緩慢膨脹，所以麵粉的鮮味表現很重要
讓麵團膨脹到塌陷
麵團熟成後會充滿麵粉鮮味，
不過酵母活性也會稍微變弱

Roti-Orang的發酵種與麵粉契合度理論

麵粉是製作麵包的主角。只要選用適合各個發酵種的麵粉，就能做出自己喜歡的麵包。

下方是當麵粉比例為100%，或含有全麥麵粉、裸麥麵粉時，與各個發酵種之間的契合度列表，

製作麵包時請作為參考。

如果只有1種麵粉，那麼將能享受該發酵種的香味、風味與口感，

若是搭配2種以上的麵粉，表現就會變複雜。

變複雜有可能是指增添味道的深度，

卻也有可能變成令人失望的味道，所以務必多加留意。

麵粉種類	麵粉			全麥麵粉		裸麥麵粉			
麵粉比例	100%			～10%	10%～	～20%	20%～50%	50%～80%	80%～
灰分含量比例	～0.4	0.4～0.5	0.5～						
發酵種：水果種 全世界	◎	◎	◎	○	○	○	△	–	–
發酵種：優格種 日本（家庭自製麵包）	△	△	○	○	○	○	△	△	–
發酵種：酒種 日本	◎	◎	○	○	○	△	–	–	–
發酵種：魯邦種 法國	△	○	○	○	◎	◎	○	○	–
發酵種：Biga義式硬種 義大利	○	◎	◎	○	△	△	–	–	–
發酵種：裸麥酸種 德國	–	–	△	△	○	○	○	◎	◎
發酵種：啤酒花種 英國、日本	◎	◎	○	○	△	△	–	–	–

◎＝非常契合 ○＝契合 △＝尚可 –＝不契合

Roti-Orang的分量決定法

規劃食譜時，最後決定的是材料分量。
每種材料的分量會隨著想做的麵包而有所不同，
接著要跟各位介紹Roti-Orang風格的分量決定法。
考量添加材料的甜度與味道、酵母活性、麵筋骨架的同時，
以烘焙百分比決定用量。
各位不妨以下圖作為分量增減的參考。

糖類（黍砂糖、黑蜜等）

烘焙百分比	2%	10%	30%
甜度	低	→	高
酵母活性	弱	這時的酵母活性最強	弱
麵筋骨架	不易鬆散	→	容易鬆散

乳製品（脫脂奶粉）

烘焙百分比	2%	8%	16%
奶味	淡	→	濃
酵母活性	強	這時的酵母活性最強	弱
麵筋骨架	強	→	弱

乳製品（鮮奶）

烘焙百分比	0%	→	100%
奶味	淡	→	濃
酵母活性	強	→	弱
麵筋骨架	強	→	弱

乳製品（鮮奶油）

烘焙百分比	0%	→	40%
奶味	淡	→	濃
酵母活性	強	→	弱
麵筋骨架	強	→	弱

油脂（奶油、太白胡麻油等）

烘焙百分比	0%	→	60%
味道	淡	→	濃
酵母活性	強	→	弱
麵筋骨架	強	→	弱

雞蛋（全蛋）

烘焙百分比	0%	→	30%
味道	淡	→	濃
酵母活性	強	→	弱
麵筋骨架	可稍作補強	→	可給予補強

雞蛋（蛋黃）

烘焙百分比	0%	→	30%
味道	淡	→	濃
酵母活性	強	→	弱
麵筋骨架	多少可給予補強	→	可稍作補強

PART 2

規劃自己想做的麵包配方來烘烤。

長條麵包

規劃配方

STEP1 **思考要烤出怎樣的麵包**

希望是麵包皮充分烘烤後香味四溢，口感酥脆，但比長棍更短的法式麵包。

STEP2 **思考「烘烤」的溫度與時間**

希望細長的麵團能盡快受熱，所以剛開始會加入蒸氣並用較高的溫度烘烤，讓麵團能充分延展。

STEP3 **思考「最後發酵」的溫度、濕度、時間**

為了使內部順利受熱，要讓麵團在最後發酵前就變大一圈。不過這樣也會讓骨架變脆弱，所以必須控制濕度，讓麵團慢慢膨脹，這時可蓋上塑膠袋，避免麵團乾燥。

STEP4 **思考最後發酵所需的「整型」方法**

整型成細長狀，以加大外皮部分的表面積，另外也不能壓破太多的氣泡。整型完成後，要用模型確實夾住麵團，並讓收口朝下，以防最後發酵時麵團鬆散，骨架變脆弱。

STEP5 **思考整型前的「醒麵」與「分割、揉圓」**

揉圓成海參的外型，捏出細長狀。整型時麵團容易變鬆散，為了讓少量的酵母變得有活性，可拉長醒麵時間。

STEP6 **思考第一次發酵的溫度、濕度、時間**

想增添麵粉的美味程度與氣泡量，不過這樣會使麵團變脆弱，所以還是不能過度膨脹。

STEP7 **思考適合第一次發酵的麵團攪拌（揉合）法**

選用內部能順利受熱，還能感受到麵粉美味，且充分展現酥脆口感的波蘭液種法。不過這也是骨架較脆弱的酵種，所以製作主麵團時的揉合動作要輕柔。

完成配方

材料　2條分

波蘭
〈波蘭液種〉

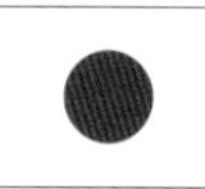

日本
〈Type ER〉

□波蘭液種

	烘焙百分比%	
GRISTMILL石臼研磨麵粉 →灰分含量較多的石臼磨製麵粉，具有強烈的粉味與風味。	20	40g
即溶乾酵母	0.1	0.2g
水	24	48g
Total	44.1	88.2g

□主麵團

	烘焙百分比%	
Type ER麵粉 →灰分含量較多的中高筋麵粉，含微量米麴，帶有甜味。麥味強烈，負責支撐起麵團骨架。	80	160g
波蘭液種	44	88g
即溶乾酵母	0.3	0.6g
海人藻鹽 →富含礦物質，鹹味較淡，可使麵團緊實。	2	4g
麥芽精稀釋液（麥芽精：水＝1：1） →酵素能增加甜味，並讓麵團適度鬆散。	1	2g
水	50	100g
Total	177.3	354.6g

架構起製作流程

製作波蘭液種

攪拌完成溫度為23℃。以28℃發酵2.5小時後，放置冰箱冷藏一晚。讓波蘭液種發酵到增加大量氣泡且輕輕搖晃就會破掉的程度。

↓

〈主麵團〉

攪拌

揉成溫度為23℃。波蘭液種的骨架脆弱，需輕輕揉合。

↓

第一次發酵

以28℃發酵90分鐘。雖然想增添麵粉的鮮味與氣泡量，但這樣也會讓麵團變脆弱，所以膨脹至1.5～2倍即可。

↓

分割、揉圓

2等分。揉成海參的外型。

↓

醒麵

以25～28℃醒麵20分鐘。整型時麵團容易鬆散，所以必須讓少量的酵母變得有活性。

↓

整型

把下方與上方的麵團往中間摺疊，接著再對摺成半（長棍形）。長度為24cm。

↓

最後發酵

以28℃發酵30分鐘。為了使內部順利受熱，要讓麵團在最後發酵前就變大一圈。不過這樣也會讓骨架變脆弱，所以必須控制濕度，這時可蓋上塑膠袋，避免麵團乾燥。

↓

烘烤

烤箱預熱250℃，劃刀痕。以210℃（含蒸氣）烘烤8分鐘→250℃（無蒸氣）烘烤13分鐘。希望細長的麵團能盡快受熱，所以剛開始會加入蒸氣，讓麵團在烘烤過程中能充分延展。

Point

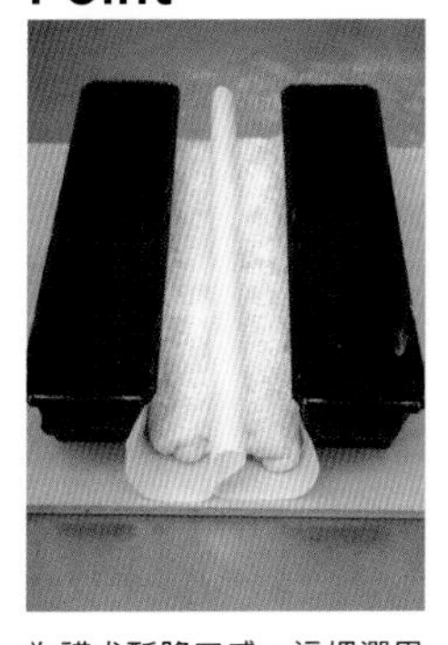

為講求酥脆口感，這裡選用了波蘭液種，不過麵團組織的銜接性也會隨之變差，所以最後發酵時需控制濕度，在周圍充分撒粉，並用模型從兩邊夾住麵團，避免麵團變鬆散。如此一來，麵團就能靠自己的力量將刀痕整個撐開。

製作波蘭液種

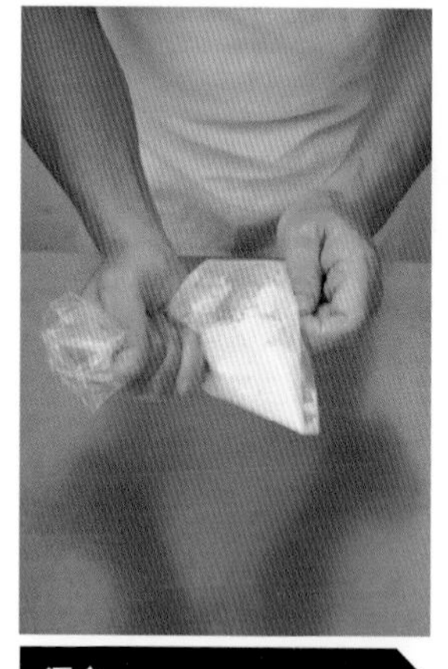

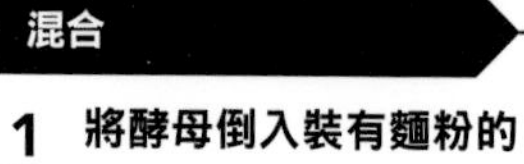

攪拌完成溫度 23℃

1 將酵母倒入裝有麵粉的塑膠袋，搖晃混合。

2 將水倒入料理盆，加入1，用橡膠刮刀攪拌到沒有粉狀感。

3 放入容器，以28℃發酵2.5小時後，放置冰箱冷藏一晚。

＊讓波蘭液種發酵到增加大量氣泡且輕輕搖晃就會破掉的程度。

主麵團

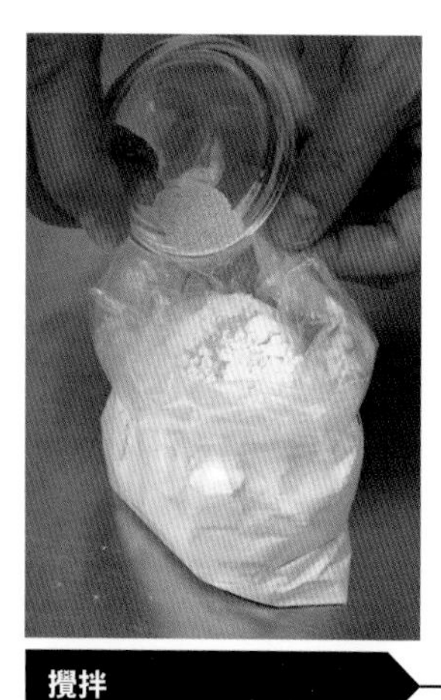

攪拌

4 將酵母倒入裝有麵粉的塑膠袋，搖晃混合。

5 依序將鹽→麥芽精→水倒入料理盆，用橡膠刮刀攪拌到鹽溶化，接著加入3的波蘭液種。

6 加入麵粉，用切的方式由下往上翻，攪拌到沒有粉狀感。

7 將麵團倒在工作台上，用手推成20cm左右的方形。

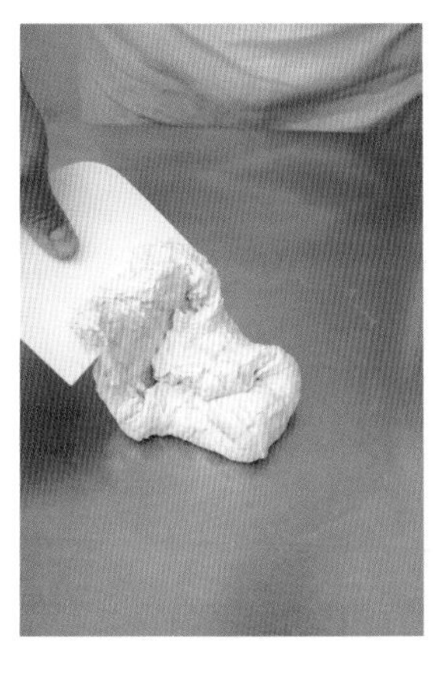

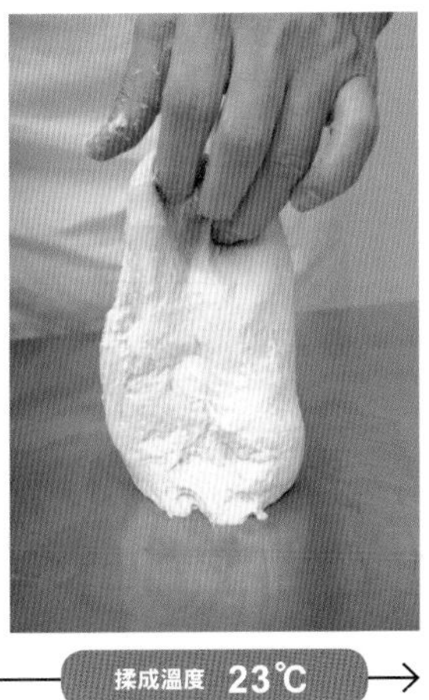

揉成溫度 23℃

第一次發酵

8 用切刀將4個角往中間摺。

9 「用切刀鏟起麵團→摔打在工作台上→對摺」6個循環為1組，共進行10組。

＊ 結束1組後稍作休息。

10 放入容器，以28℃發酵90分鐘。

＊ 膨脹至1.5～2倍。

分割、揉圓

11 在表面撒上大量手粉。

12 切刀插入容器內側邊緣，容器倒扣，將麵團倒在工作台上。

13 用切刀分2等份。

14 轉動90度，讓切面朝向離自己比較遠的一方，並將下方麵團往上1/3處摺疊。

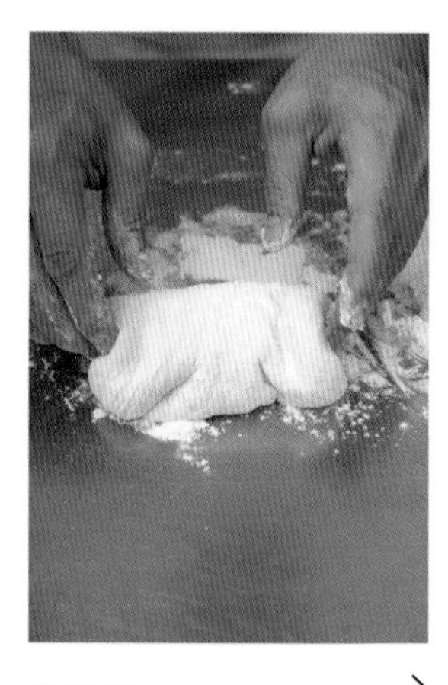

醒麵

整型

15 再往上摺，讓麵團變成條狀，另一塊麵團的作法相同。

16 蓋上濕毛巾，於常溫（25～28℃）靜置20分鐘。

17 在麵團前方撒點手粉，用切刀將麵團鏟起翻面。

18 將下方麵團往比中間還要更上面的位置摺疊。

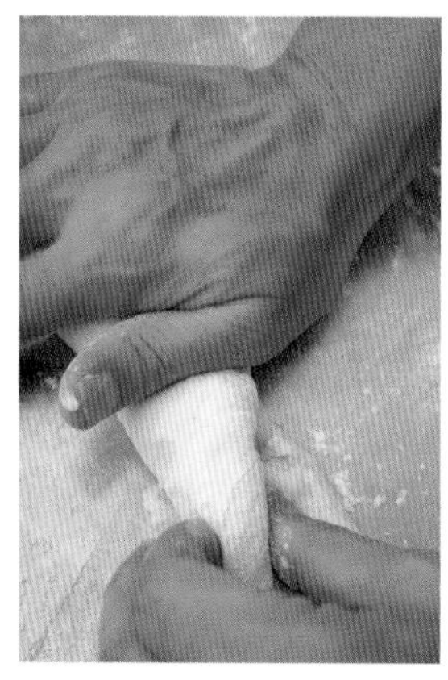

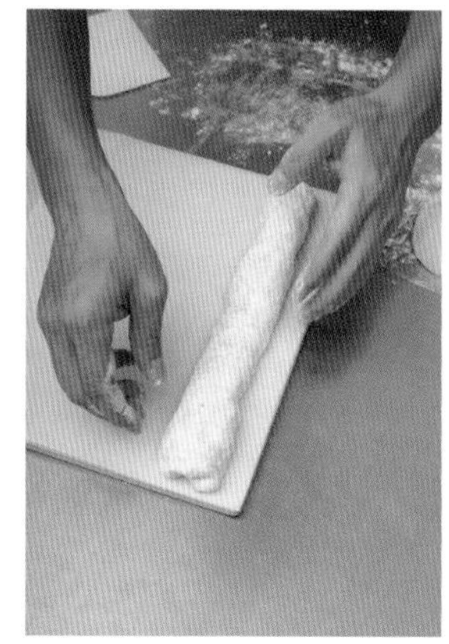

19 以相同方式，將上方麵團往下摺疊。

20 用左手拇指壓住麵團中間，接著用右手掌根一邊壓住麵團，一邊對摺。長度為24cm。

21 收口朝下，擺在舖有烘焙紙（24×30cm）的板子上。另一塊麵團的作法相同，擺放時要空出距離。

22 用濾茶網在麵團左右兩側篩點手粉。

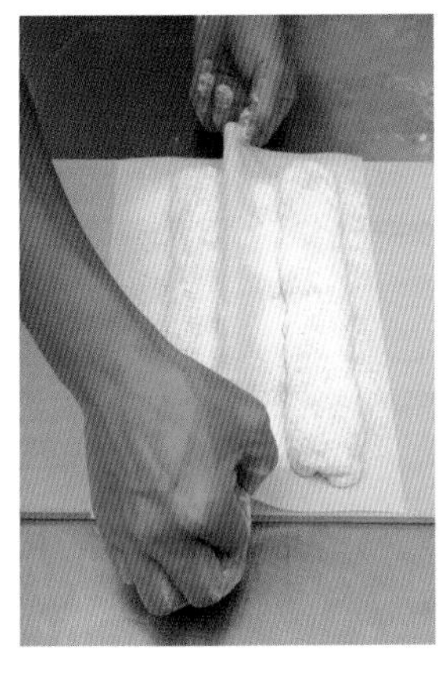

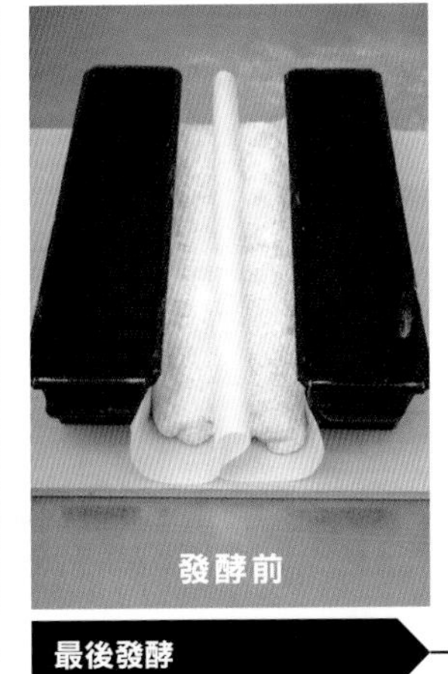

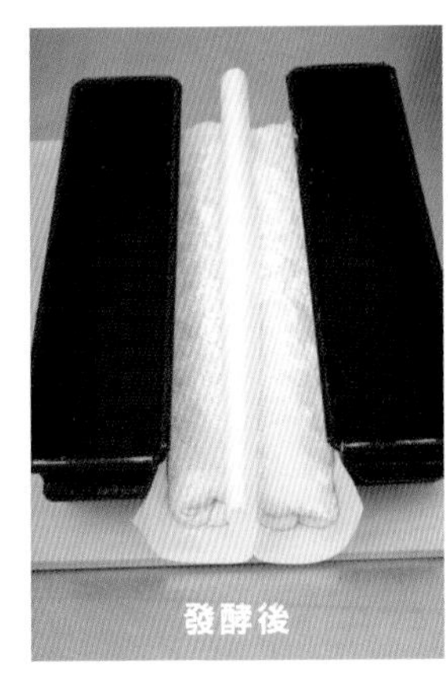

最後發酵

23 將烘焙紙中間拉起。

24 兩邊擺放模型，接著蓋上塑膠袋。

25 以28℃發酵30分鐘。

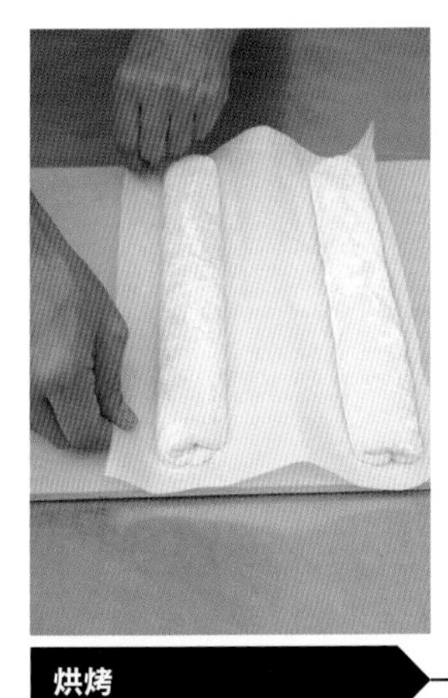

烘烤

26 移開模型，將烘焙紙拉平。

27 用割紋刀在麵團中間劃1條刀痕。

28 將麵團從板子移入烤箱上層（預熱250℃）。

29 在下層烤板噴水。以210℃（含蒸氣）烘烤8分鐘→250℃（無蒸氣）烘烤13分鐘。

小餐包

規劃配方

STEP1 思考要烤出怎樣的麵包

外皮又薄又軟，裡頭濕潤膨鬆。除了帶有牛奶風味，更是充滿奶油香氣且表現濃郁的圓形小麵包。

STEP2 思考「烘烤」的溫度與時間

以低溫短時間烘烤。

STEP3 思考「最後發酵」的溫度、濕度、時間

短時間就能充分膨脹變大。

STEP4 思考最後發酵所需的「整型」方法

為了讓麵團快速且均勻變大，就必須確實排出二氧化碳，讓表面均勻拉伸。

STEP5 思考整型前的「醒麵」與「分割、揉圓」

迅速揉圓，等待麵團變大一圈。

STEP6 思考第一次發酵的溫度、濕度、時間

發酵膨脹至麵團強度與酵母強度不會有太大落差的程度，只要開始形成氣泡即可，因此發酵時間不用太長。

STEP7 思考適合第一次發酵的麵團攪拌（揉合）法

為了縮短第一次發酵的時間，選擇麵筋骨架強韌，且能夠使用增生酵母的中種法。使勁揉合，打造出延展性極佳的麵團。

完成配方

材料　5個分

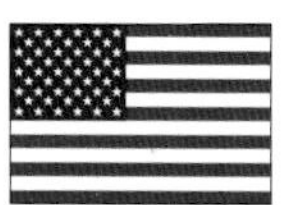

美國
〈中種〉

×

日本
〈春豐Blend〉
〈夢之力100%〉

□中種

	烘焙百分比%	
春豐Blend →還是希望盡可能展現出麵粉鮮味，於是選用灰分含量稍多的高筋麵粉。	60	60g
即溶乾酵母 →能讓製作麵包過程穩定的單一酵母。	0.6	0.6g
水	36	36g
Total	96.6	96.6g

□主麵團

	烘焙百分比%	
夢之力100% →會很用力的充分揉合，因此選用硬質小麥製成的高筋麵粉。	40	40g
中種	96.6	96.6g
鹽	1.6	1.6g
黍砂糖	12	12g
散蛋 →蛋黃能讓奶油更快乳化，蛋白則能在烘烤時加速定型。	15	15g
脫脂奶粉 →增添不含乳脂肪的牛奶風味，添加量不能影響麵筋骨架。 酵母不太吃乳糖，所以也有助烤出漂亮顏色。	3	3g
水	20	20g
奶油（無鹽）	15	15g
Total	203.2	203.2g

架構起製作流程

製作中種

攪拌完成溫度為25℃。以28℃發酵2小時後，放置冰箱冷藏一晚。為了保留強韌的麵筋骨架，需用手使勁揉捏到沒有粉狀感。為了增加酵母量，需拉高溫度，讓麵團充分膨脹，並在麵團塌陷前停止發酵。

↓

〈主麵團〉

攪拌

揉成溫度為28℃。使勁揉合，打造出延展性極佳的麵團。揉成溫度要偏高，才能讓酵母更好發揮作用。

↓

第一次發酵

以30℃發酵20分鐘。發酵膨脹至麵團強度與酵母強度不會有太大落差的程度。只要開始形成氣泡即可，因此發酵時間不用太長。

↓

分割、揉圓

5等分，輕輕揉圓。

↓

醒麵

15分鐘。讓揉圓的麵團在短時間內變大一圈。

↓

整型

揉圓。

↓

最後發酵

以35℃發酵1小時～1小時20分鐘。有確實排出二氧化碳，且表面也均勻拉伸，因此能充分膨脹變大。

↓

烘烤

以190℃烘烤12～13分鐘，以短時間低溫烘烤。

Point

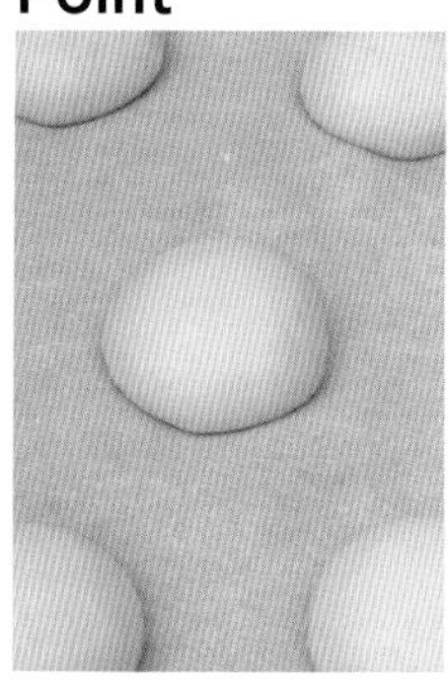

為了讓麵團保持形狀且快速膨脹變大，因此選用麵筋骨架強韌的麵粉，並搭配較多的單一酵母。另更加入副材料，打造出滑順的麵團。

製作中種

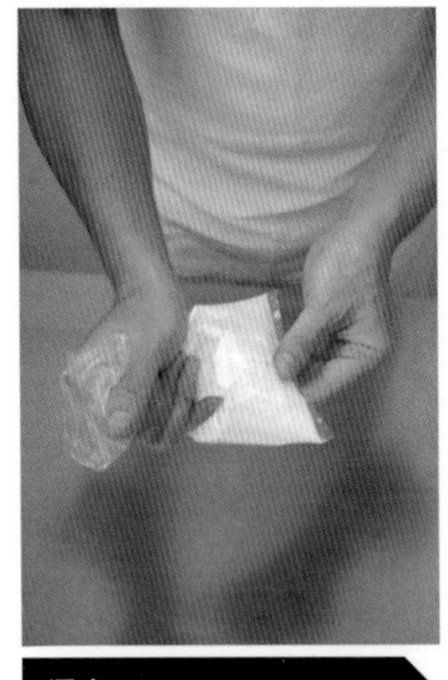

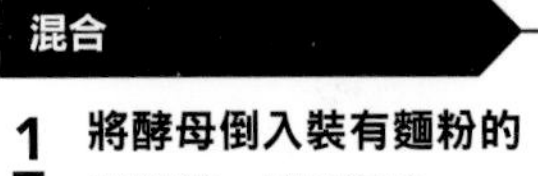

攪拌完成溫度 25℃ → 發酵 →

1 將酵母倒入裝有麵粉的塑膠袋，搖晃混合。

2 將水倒入料理盆，加入1，一剛開始先用橡膠刮刀由下往上翻拌，拌勻後再加入壓的動作，直到沒有粉狀感。

3 放入容器，以28℃發酵2小時後，放置冰箱冷藏一晚。

主麵團

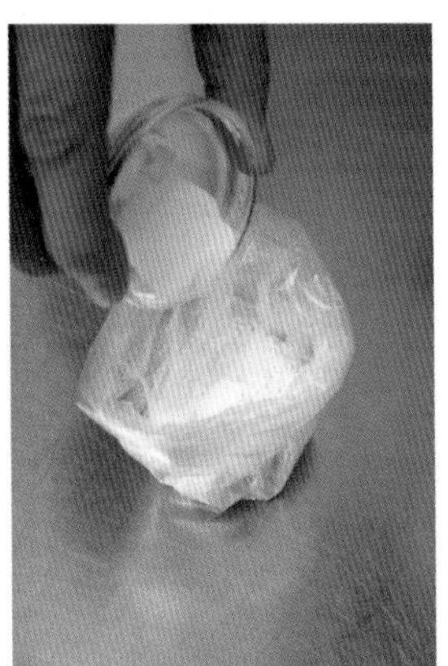

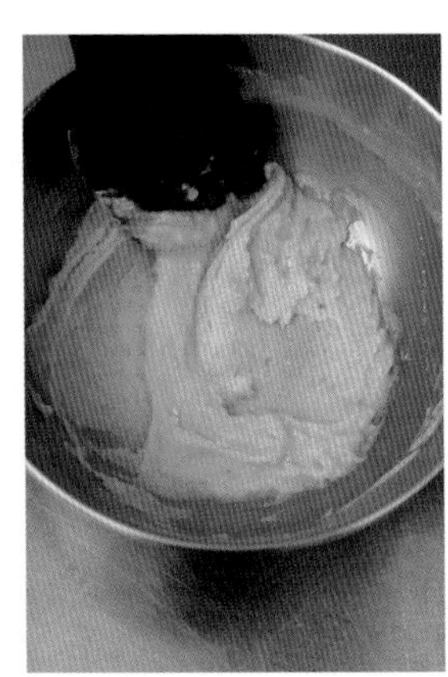

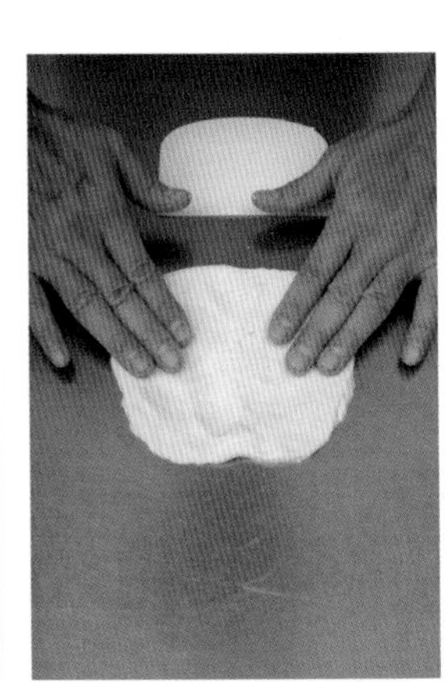

攪拌 →

4 依序將鹽→黍砂糖→水→雞蛋倒入料理盆，用橡膠刮刀攪拌到鹽溶化。

5 將脫脂奶粉倒入裝有麵粉的塑膠袋，搖晃混合。

6 將5加入4，用橡膠刮刀由下往上翻，攪拌到沒有粉狀感。

7 將3的中種倒至工作台，用手推成15cm左右的方形。

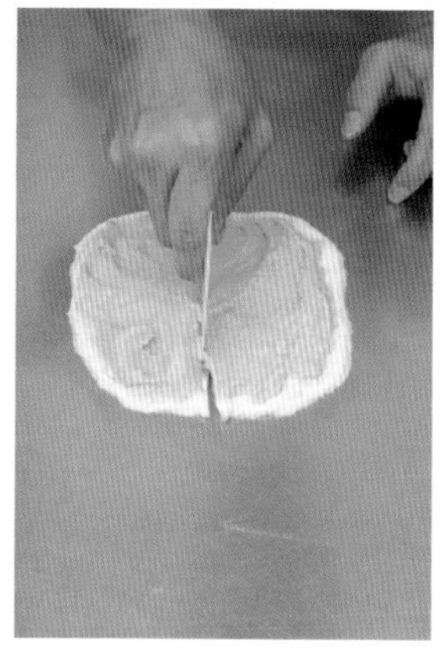

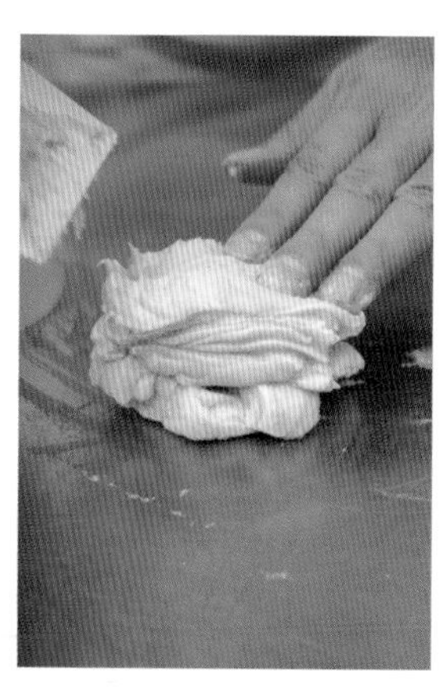

8 將6均勻鋪在7上。

9 用切刀對半切開。

10 疊起來。

11 重複8次步驟9→10。

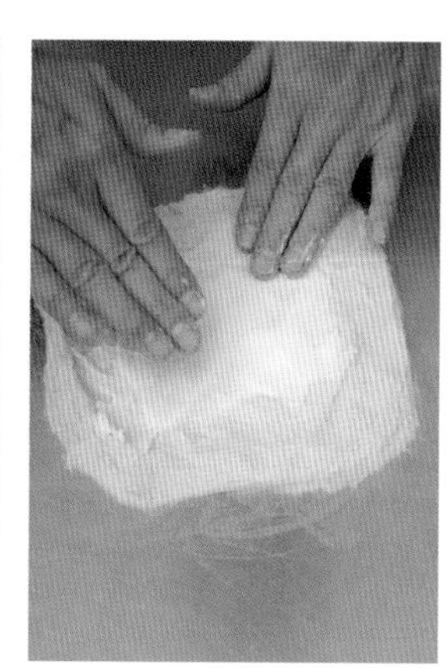

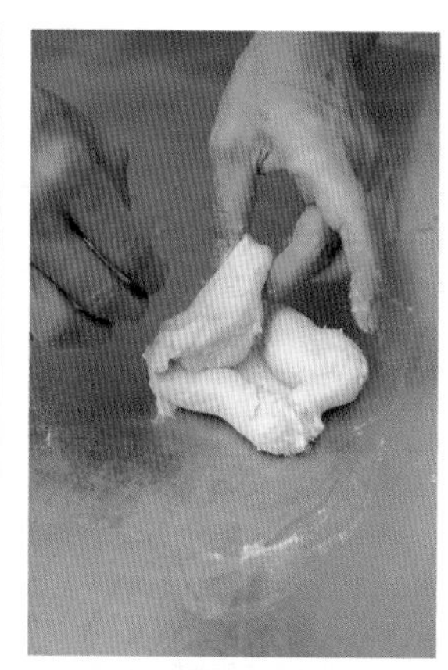

12 「用切刀鏟起麵團→摔打在工作台上→對摺」6個循環為1組，共進行10組。

＊ 結束1組後稍作休息。

13 完成10組後。

14 用手把麵團推成20cm方形，擺上奶油再用手指推開。將4個角往中間捲，捲完後又會形成4個角，同樣再往中間捲起。

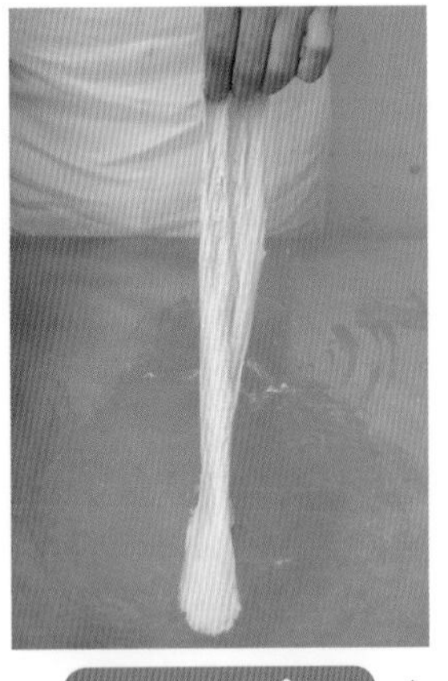

揉成溫度 28℃

第一次發酵

15 「用切刀鏟起麵團→摔打在工作台上→對摺」6個循環為1組，共進行10組。

＊結束1組後稍作休息。

16 再將「用切刀鏟起麵團→摔打在工作台上→拉高成長條狀後對摺」6個循環視為1組，共進行5組。

＊摔打的力道要逐漸變強。結束1組後稍作休息。

17 放入容器，以30℃發酵20分鐘。

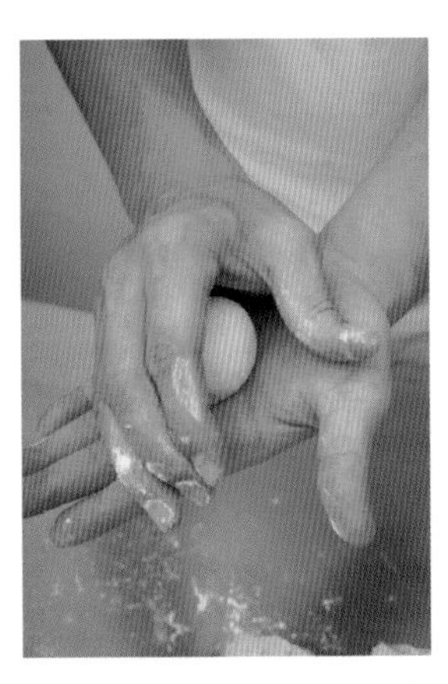

分割、揉圓

醒麵

18 在工作台撒點手粉，切刀插入容器內側邊緣，將麵團取出。

19 用切刀5等份。

20 將麵團放在手心，用搓丸子的方式將麵團輕輕揉圓。

21 蓋上濕毛巾，於常溫（25～28℃）靜置15分鐘。

整型

22 將麵團翻面，用手拍打排氣。

23 擺上手心，對摺後再對摺，接著立起麵團。

24 用上面的手將麵團揉成圓球狀。

25 捏緊收口處。

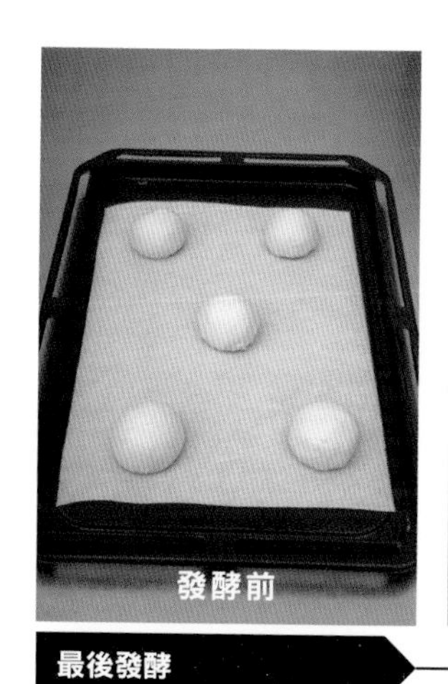

發酵前

發酵後

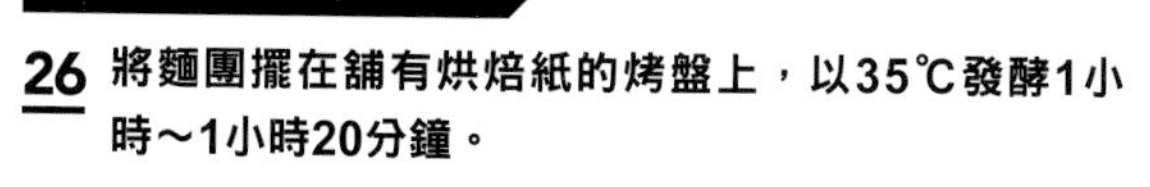

最後發酵

26 將麵團擺在舖有烘焙紙的烤盤上，以35℃發酵1小時～1小時20分鐘。

烘烤

27 放入烤箱下層，以190℃（無蒸氣）烘烤12～13分鐘。

巧巴達

規劃配方

STEP1 思考要烤出怎樣的麵包

濕潤且會在口中化開的內層口感，不會太老（容易咬碎），表現輕盈的細長硬麵包。使用大量中種，強化麵團骨架，展現出輕盈口感。

STEP2 思考「烘烤」的溫度與時間

屬於較容易塌陷的麵團，所以要稍微加點蒸氣，搭配高溫，讓麵團更容易往上延展。在烤箱中烘烤凝固，後半階段的時間則是讓內部充分受熱。

STEP3 思考「最後發酵」的溫度、濕度、時間

為了避免麵團過度往兩側拓開以致塌陷，最後發酵的時間不用太長。

STEP4 思考最後發酵所需的「整型」方法

摺2褶或3褶，避免氣泡遭破壞，麵團也更容易往上延展。2等分後，切口朝上便能取代劃刀痕。

STEP5 思考整型前的「醒麵」與「分割、揉圓」

為了做出濕潤的麵團，選用加水法並重複排氣翻麵。

STEP6 思考第一次發酵的溫度、濕度、時間

稍微拉長發酵時間，以呈現出輕盈感。

STEP7 思考適合第一次發酵的麵團攪拌（揉合）法

使勁揉合。為了讓麵團盡快膨脹，揉成溫度要高一些。減少中種的用水比例，做成偏硬的麵團。

完成配方

材料　2個分

□Biga義式硬種

	烘焙百分比%	
斯佩耳特小麥麵粉	100	150g

→屬於古代小麥，麵筋骨架脆弱，擁有不同於現代小麥的強烈滋味與風味。

即溶乾酵母	0.2	0.3g
水	60	90g
Total	160.2	240.3g

□主麵團

	烘焙百分比%	
Biga義式硬種	160	240g
酒種（米麴）	15	22.5g

→除了能增添發酵種的滋味與風味外，也擔負起麥芽精的作用。
酒種容易膨脹，酵素活性也較強，能做出極為濕潤的麵包。

海人藻鹽	2	3g
水（排氣用）	12	18g
Total	189	283.5g

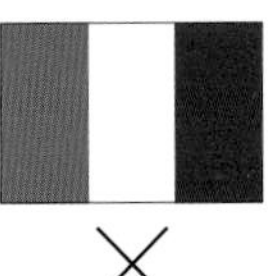

義大利
〈Biga義式硬種〉

×

德國
〈斯佩耳特小麥麵粉〉

×

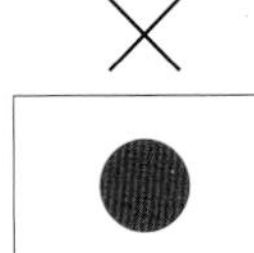

日本
〈酒種（米麴）〉

酒種（米麴）起種法

	第1次	第2次	第3次	第4次
米	50g	—	—	—
炊飯	20g	100g	100g	100g
米麴	50g	40g	20g	20g
上一次的種	—	40g	40g	20g
水	100g	80g	60g	60g
發酵時間	約2天	約2天	約1天	約1天

依上表分4次將材料放入容器混合，製作所需天數約6天。
攪拌完成溫度為24℃，發酵溫度為28℃，1天要攪拌3次。

架構起製作流程

製作Biga義式硬種

↓ 攪拌完成溫度為18℃。以17℃發酵20～24小時。

〈主麵團〉

攪拌

↓ 揉成溫度為27℃。

第一次發酵

↓ 以30℃發酵15分鐘→排氣→以30℃發酵15分鐘→排氣→以30℃發酵1小時。

整型

↓ 對摺2次後，2等分。

最後發酵

↓ 於常溫（25～28℃）發酵5分鐘。

烘烤

以250℃（含蒸氣）烘烤9分鐘→轉動方向後再以250℃（無蒸氣）烘烤9分鐘。

Point

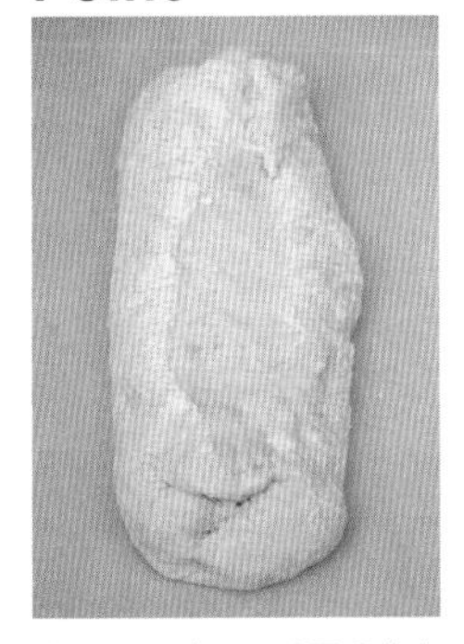

使用單一酵母，以展現出古代小麥單純的發酵滋味與風味。製作主麵團時，可再添加自己喜愛的滋味與風味。放入烤箱後的延展時間是成敗關鍵。此麵團很容易往兩側拓開，所以最後發酵的時間不用太長，才能讓強韌的骨架往上延展。

製作Biga義式硬種

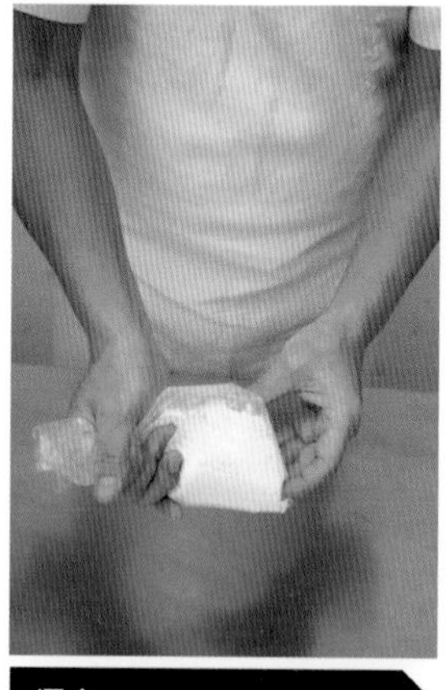

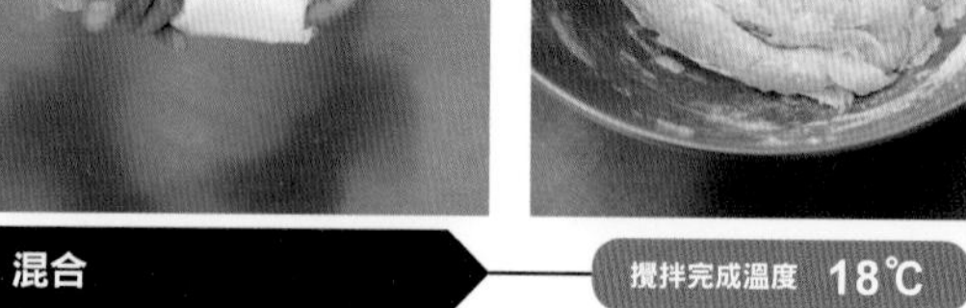

發酵

1 將酵母倒入裝有麵粉的塑膠袋，搖晃混合。

2 將水倒入料理盆，加入1，一剛開始先用橡膠刮刀由下往上翻拌，拌勻後再加入壓的動作，直到沒有粉狀感。

3 放入容器，以17℃發酵20～24小時。

主麵團

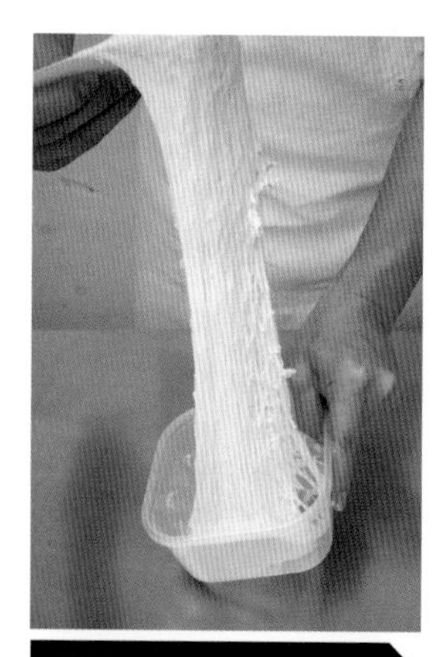

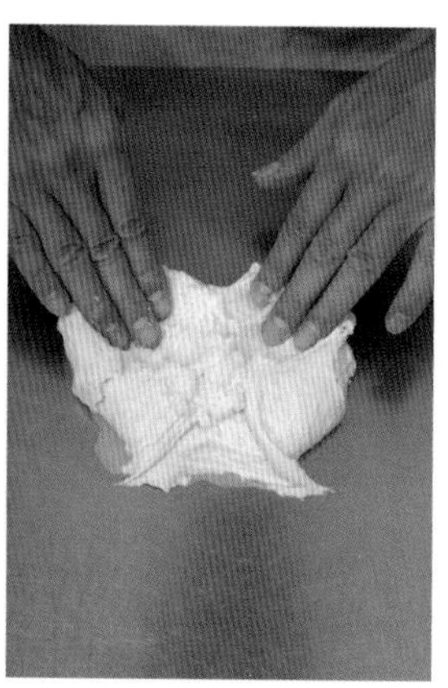

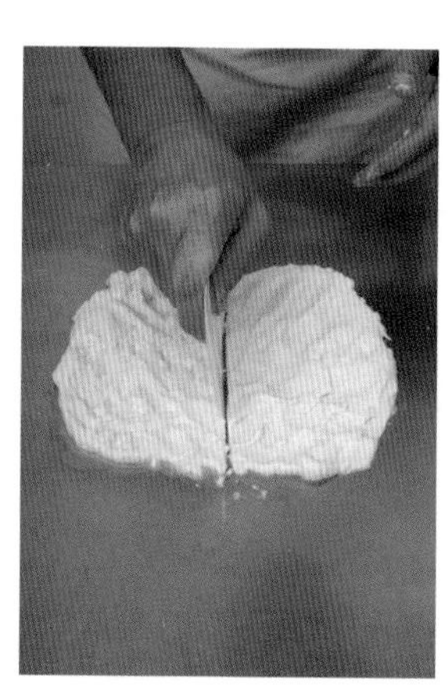

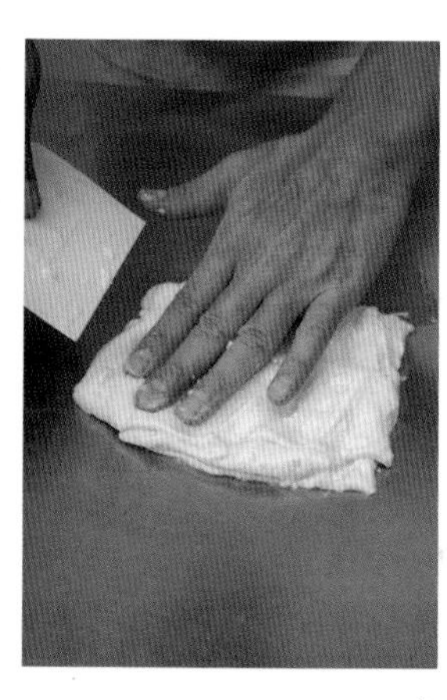

攪拌

4 切刀插入容器內側邊緣，將麵團取至工作台上。

5 擺上酒種，與麵團充份混合，推成20cm左右的方形。

6 重複8次「用切刀對半切→重疊後用手按壓」。

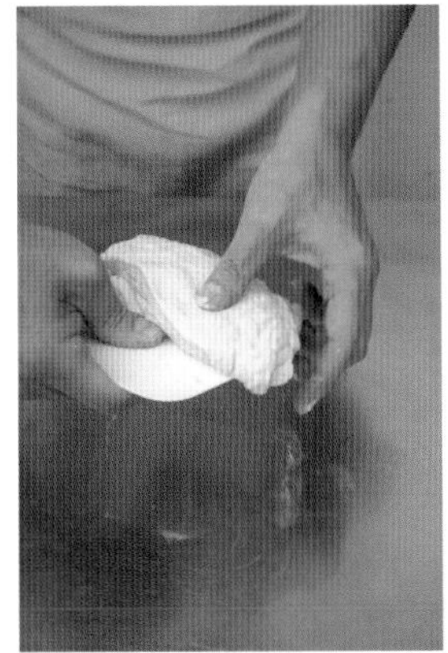
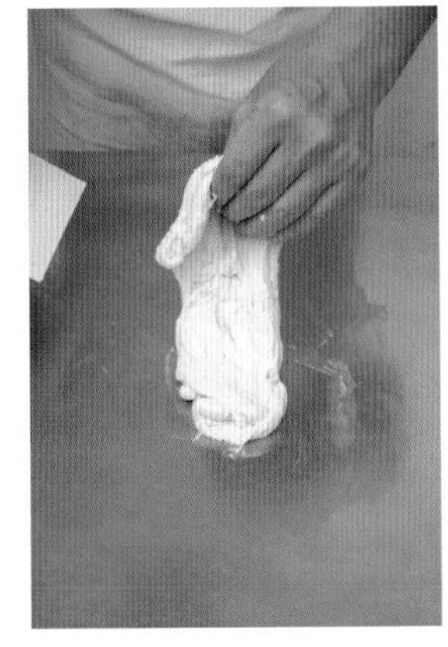
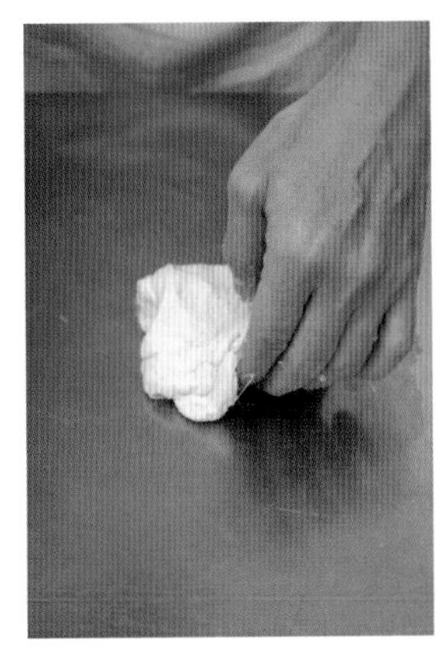
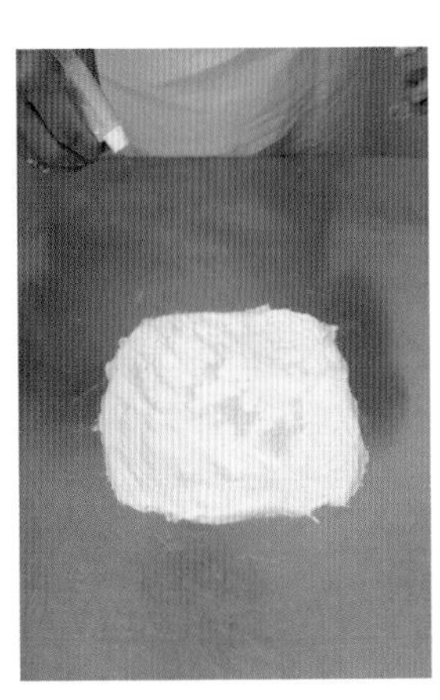

7 「用切刀鏟起麵團→摔打在工作台上→對摺」6個循環為1組，共進行2組。

＊ 結束1組後稍作休息。

8 用手把麵團推成20cm方形，均勻撒鹽，噴2下的水，接著用手把鹽抹入麵團中。

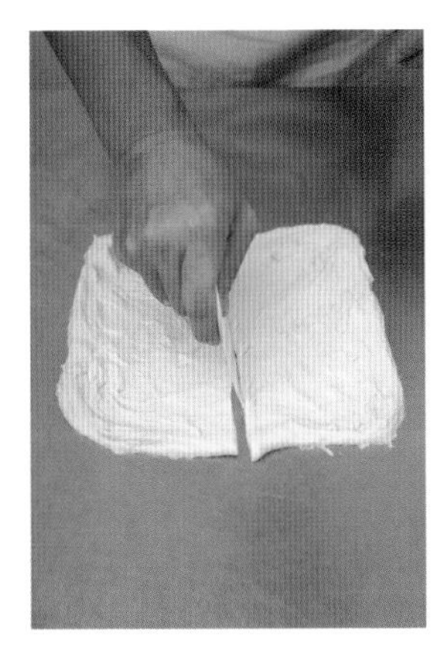
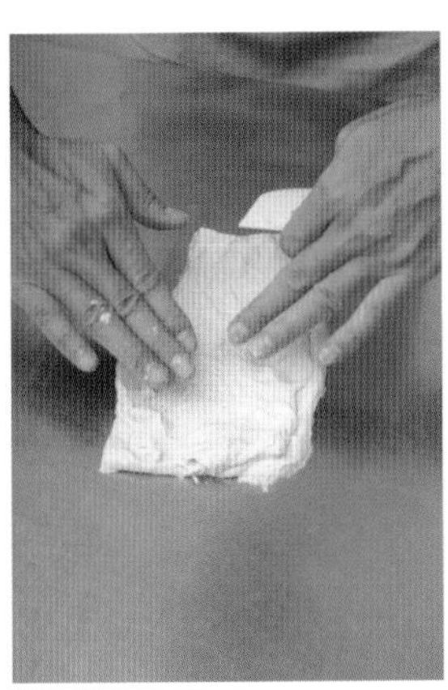
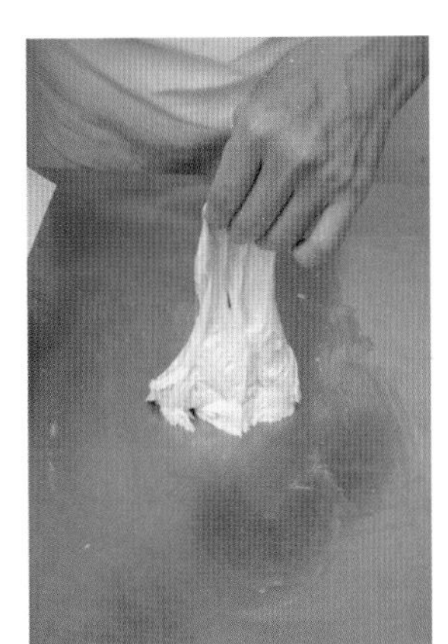
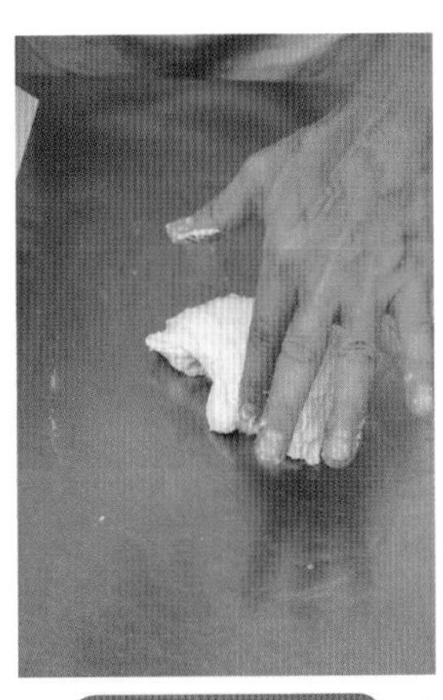

揉成溫度 27℃

9 重複8次「用切刀對半切→重疊後用手按壓」。

10 「用切刀鏟起麵團→摔打在工作台上→對摺」6個循環為1組，共進行2組。

＊ 結束1組後稍作休息。

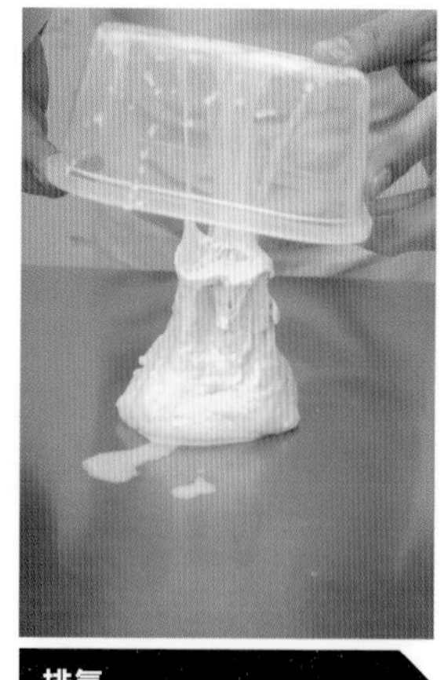

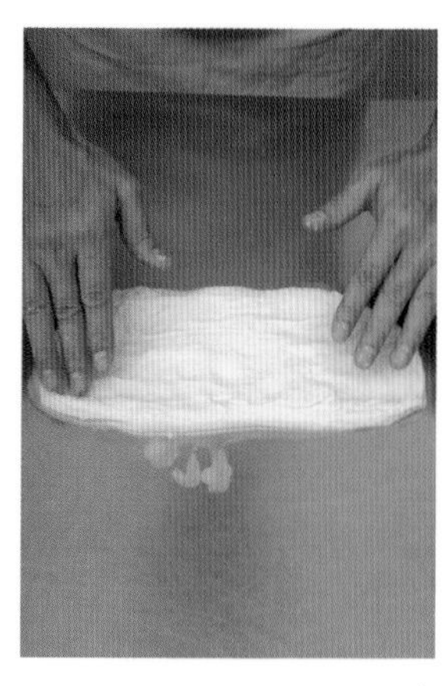

第一次發酵

11 放入容器，以30℃發酵15分鐘。

排氣

12 倒入1/3的水，與麵團融合後，再將切刀插入容器內側邊緣，取出麵團。

13 接著再倒入一半剩餘的水，與麵團融合，並推成12×30cm左右的橫長方形。

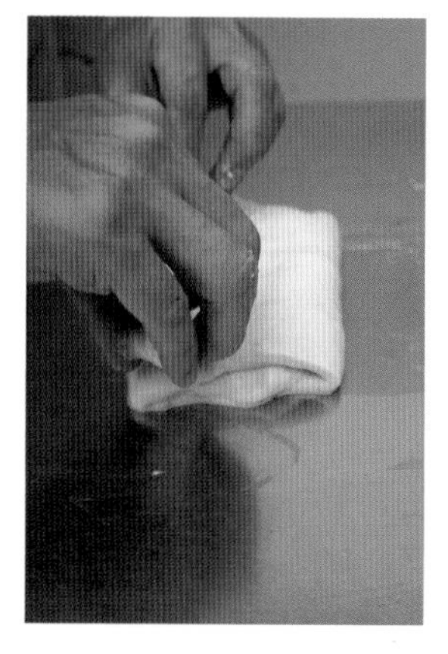

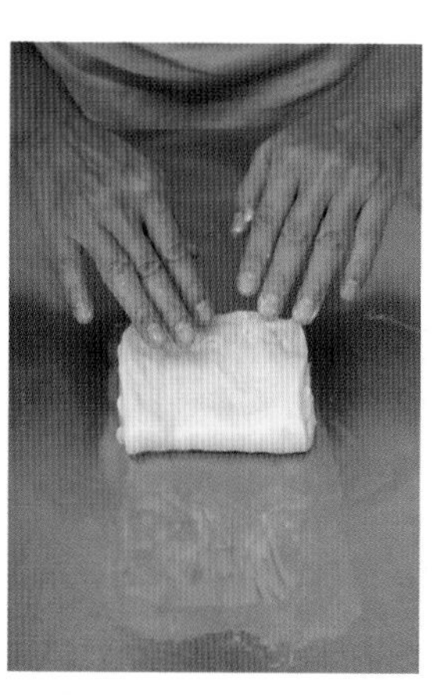

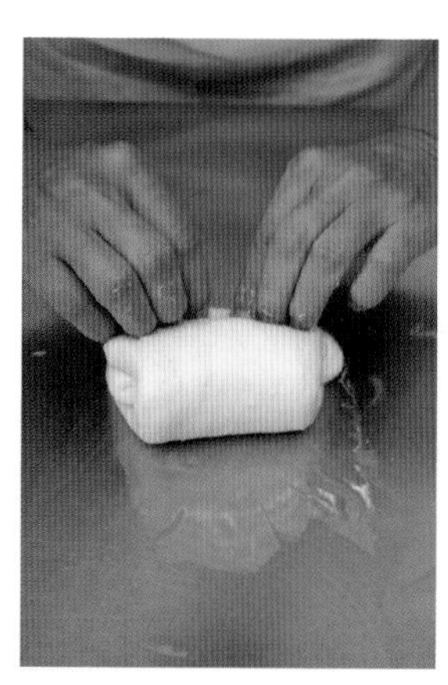

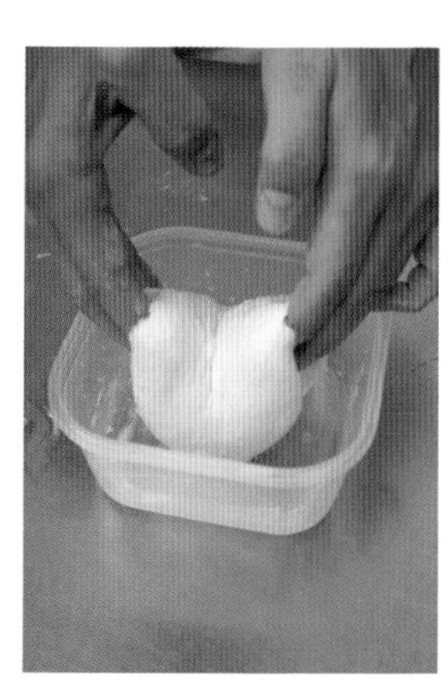

14 把右邊往左邊1/3左右的位置摺疊，接著再將左邊往右摺，摺成3褶。

＊要用切刀將灑在麵團周圍的水撈回麵團裡。

15 將剩餘的水倒在麵團上，接著推成和步驟13一樣大小的縱長方形。

16 參考步驟14，這次先把上方的麵團往下摺，接著再將下方麵團往上摺，同樣摺成3褶。

17 放入容器，以30℃發酵15分鐘。

整型

18 再次進行步驟12→16。接著放入容器，以30℃發酵1小時。

19 在麵團表面撒上大量手粉後，倒至工作台上。

20 把左邊的麵團往中間摺，再把右邊往中間摺（不要重疊）。

21 接著把下方麵團往中間摺，再把上方往中間摺（不要重疊）。

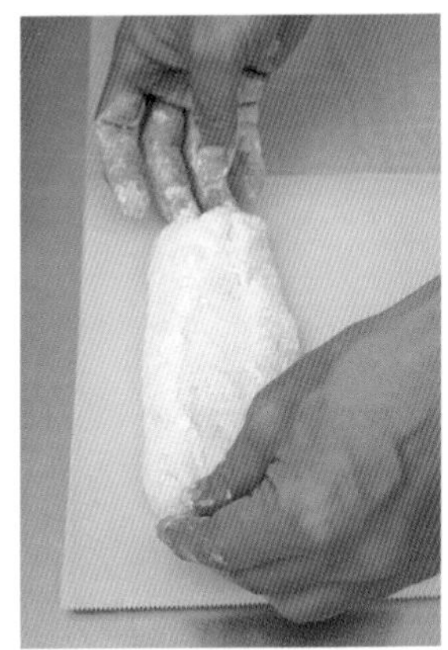

最後發酵

烘烤

22 用切刀分2等份。

23 切口朝上，擺在舖有烘焙紙（24×30cm）的板子上。

24 用濾茶網在麵團切口處篩點手粉，於常溫（25～28℃）發酵5分鐘。

25 將麵團從板子移入烤箱上層，在下層烤板噴水。以250℃（含蒸氣）烘烤9分鐘→轉動方向後再以250℃（無蒸氣）烘烤9分鐘。

核桃起司麵包

規劃配方

STEP1 思考要烤出怎樣的麵包

就算內層不均勻，還是能利用中種打造出鬆軟、濕潤且會在口中化開的口感，烘焙成飄有淡淡紅酒與起司香氣，同時結合核桃濃郁風味的柔軟吐司。

STEP2 思考「烘烤」的溫度與時間

由於內層不均勻，所以希望麵團能在烤箱內一股氣延伸開來。撒上起司，避免表面凝固。烘烤前半段設定較高的溫度，後半段則要降溫，注意不要烤焦。

STEP3 思考「最後發酵」的溫度、濕度、時間

為了要有膨鬆口感，需設定較高的發酵溫度，並稍微拉長發酵時間，讓麵團膨脹。

STEP4 思考最後發酵所需的「整型」方法

要用力捲緊麵團，以防變形。

STEP5 思考整型前的「醒麵」與「分割、揉圓」

分割時就要稍微重整一下形狀，在整型時才能把麵團捲緊，這樣就不需要排氣翻麵。

STEP6 思考第一次發酵的溫度、濕度、時間

要膨脹至麵團強度與酵母強度不會有太大落差的程度，所以開始夾帶氣體時便可結束發酵。

STEP7 思考適合第一次發酵的麵團攪拌（揉合）法

為了讓麵團延展性佳，還能確實保留下氣泡，攪拌時要非常用力且大動作地攪拌麵團。搭配中種法，在後半階段加入油脂後，再以加水法讓麵團鬆散，變得既濕潤又保水。

完成配方

材料　1個分

加拿大
〈蒙布朗〉
〈特級山茶花〉

×

美國
〈中種〉
〈蒙布朗〉
〈特級山茶花〉

□中種

	烘焙百分比%	
蒙布朗麵粉 →高筋麵粉中，灰分含量偏多的種類，風味十足。	60	60g
葡萄乾酵母 →酸味不重，容易膨脹的酵種。	36	36g
Total	96	96g

□主麵團

	烘焙百分比%	
特級山茶花 →高筋麵粉，味道雖然清淡，卻擁有強健骨架。	40	40g
中種	96	96g
即溶乾酵母	0.3	0.3g
鹽 →稍微帶點鹹味的分量，還能以柔和的方式讓麵團變緊實。	1.5	1.5g
黍砂糖	10	10g
紅酒（收乾成一半的量） →揮發掉酒精，讓葡萄發酵後的酒味與顏色更加濃縮。	35	35g
奶油（無鹽）	10	10g
水	20	20g
核桃（烤過）	10	10g
高達起司（起司絲）	30	30g
Total	252.8	252.8g

□烘烤時

葛瑞爾起司（起司絲）　15g

葡萄乾酵母起種法

在容器中放入300g的水與100g葡萄乾（無油類型）攪拌製成葡萄乾酵母。攪拌完成溫度為28℃。接著在28℃的環境下，每12小時予以攪拌，出現細緻的小氣泡就表示起種完成。可存放冰箱冷藏1個月。

架構起製作流程

製作中種

攪拌完成溫度為25℃。以30℃發酵5～8小時後，放置冰箱冷藏一晚。為了保留強韌的麵筋骨架，需用手使勁揉捏到沒有粉狀感。因為是使用狀態不穩定的酵母，所以必須發酵至明顯膨脹。

↓

〈主麵團〉

攪拌

揉成溫度為27℃。麵團的延展性高，為了充份保留氣泡，所以必須非常使勁且大幅度揉捏麵團。在後半階段加入油脂後，再搭配加水法，讓麵團鬆散、更容易延展，且變得既濕潤又保水。

↓

第一次發酵

以30℃發酵40分鐘。要膨脹至麵團強度與酵母強度不會有太大落差的程度，所以開始夾帶氣體時便可結束發酵。

↓

分割、揉圓

2等分→輕輕捲成圓條狀→醒麵15分鐘。此時也需稍微重整形狀，這樣在整型時才能確實捲起麵團，還可省略排氣翻麵。

↓

整型

確實捲起麵團。

↓

最後發酵

以35℃發酵1小時20分鐘。為了要有膨鬆口感，需設定較高的發酵溫度，並稍微拉長發酵時間。

↓

烘烤

撒上葛瑞爾起司，以200℃（無蒸氣）烘烤10分鐘→轉動方向後再以190℃（無蒸氣）烘烤7分鐘。希望麵團能在烤箱內一股氣延伸開來，所以要撒上起司，避免表面太快凝固。烘烤前半段設定較高的溫度，後半段則要降溫，注意不要烤焦。

Point

這裡是使用較不穩定的葡萄乾酵母製作中種，所以要等到酵母完全膨脹。但是過度膨脹，導致麵團塌陷的話，將有損強韌的骨架，所以在麵團塌陷前就要停止發酵。

製作中種

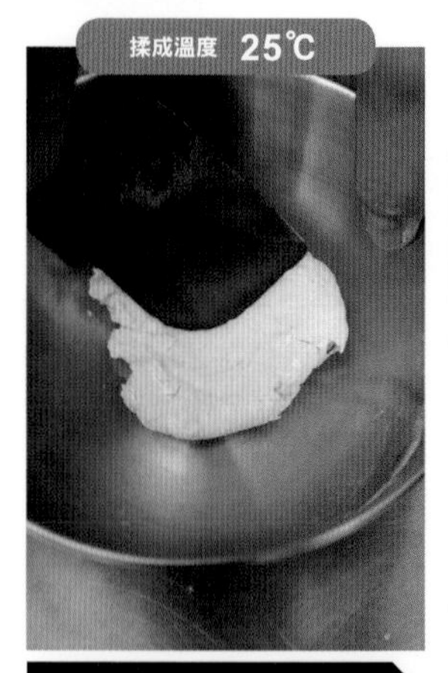

發酵後

主麵團

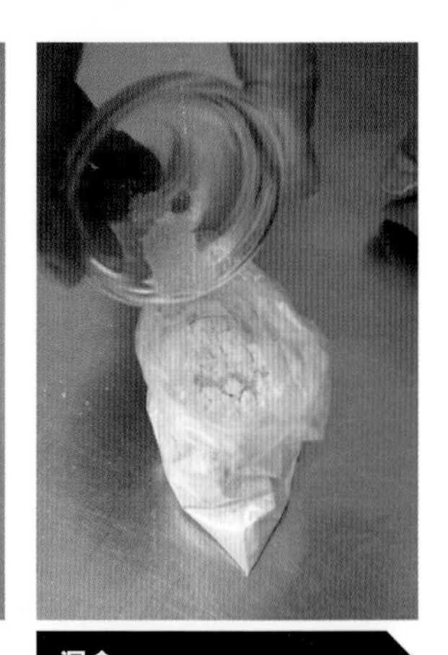

混合

1 將葡萄乾酵母與麵粉倒入料理盆，一剛開始先用橡膠刮刀由下往上翻拌，拌勻後再加入壓的動作，直到沒有粉狀感。

發酵

2 放入容器，以30℃發酵5～8小時後，放置冰箱冷藏一晚。

＊要讓酵母確實膨脹。

混合

3 將酵母倒入裝有麵粉的塑膠袋，搖晃混合。

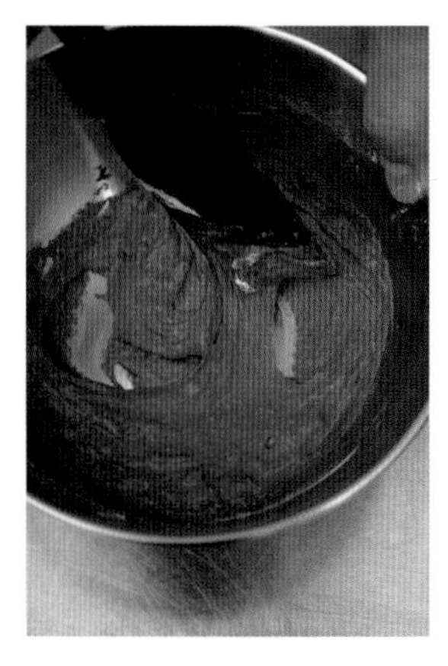

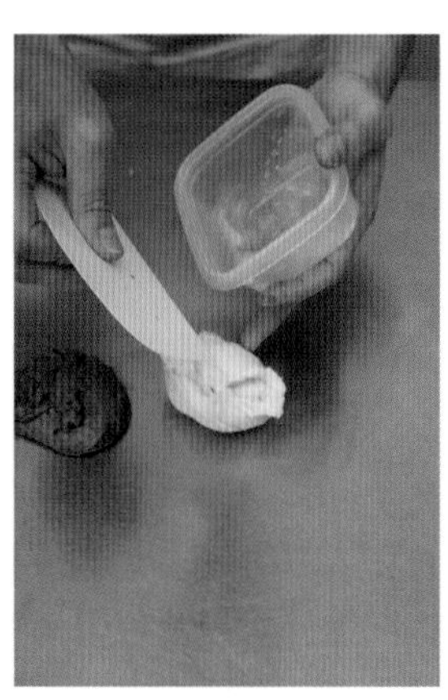

4 依序將鹽→黍砂糖→紅酒倒入料理盆，接著加入3，用橡膠刮刀攪拌到沒有粉狀感。

5 將麵團倒至工作台，另也取出2的中種。

6 將中種用切刀切成3cm的塊狀，均勻擺在麵團上。

＊擺放時要一點一點地推開麵團，空出每塊中種的間隙。

7 用手心將中種在工作台上推壓開來，直到麵團完全融合。

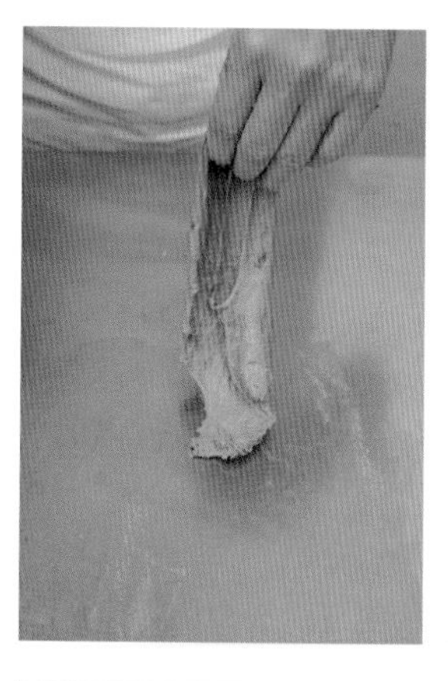
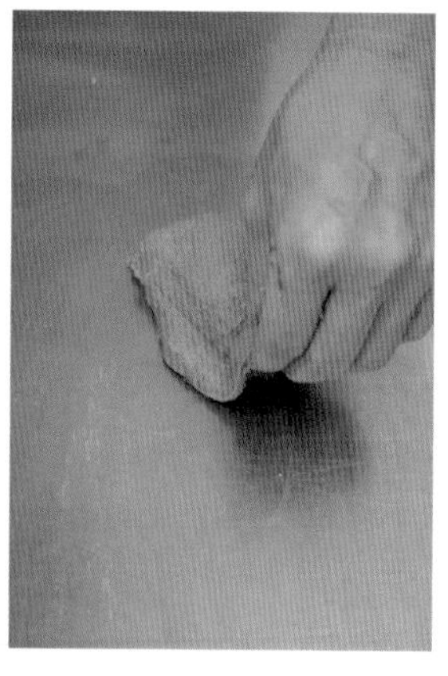

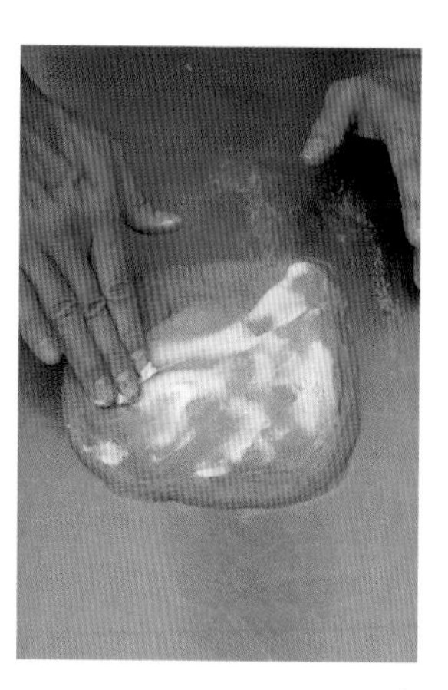

8 「用切刀鏟起麵團→摔打在工作台上→對摺」6個循環為1組，共進行4組。
＊ 結束1組後稍作休息。

9 用手把麵團推成15cm方形，擺上奶油再均勻推開。

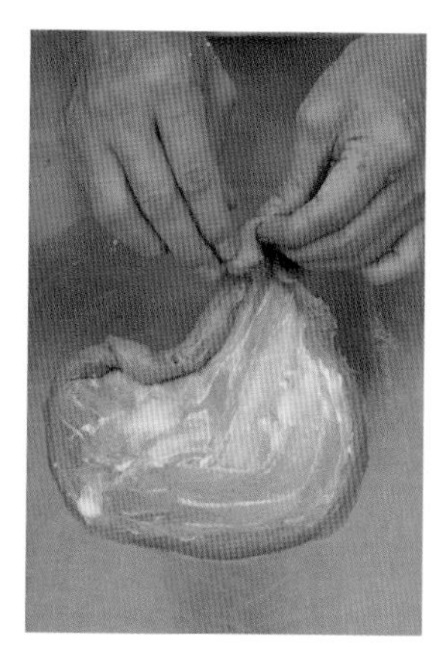
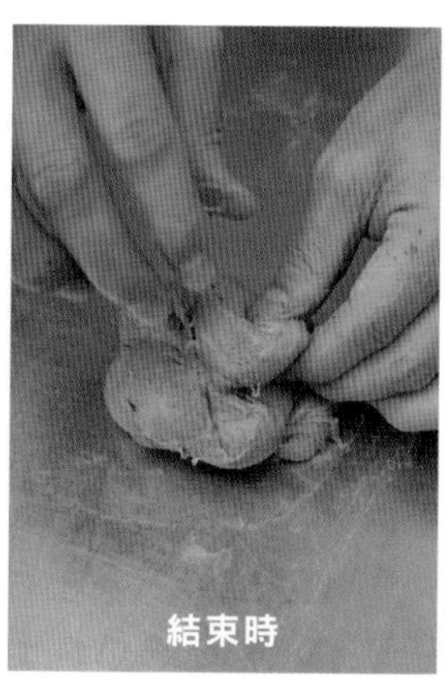

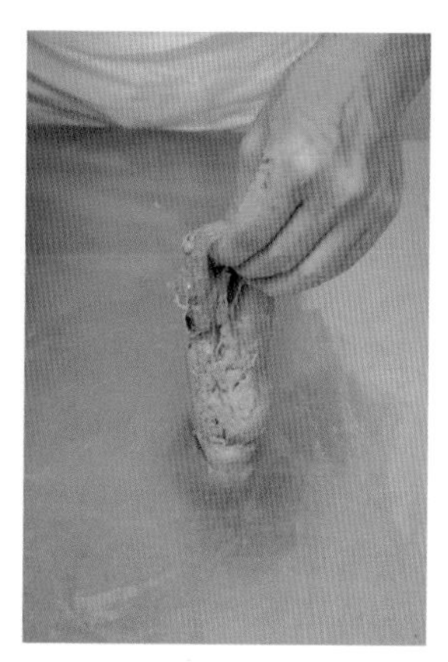
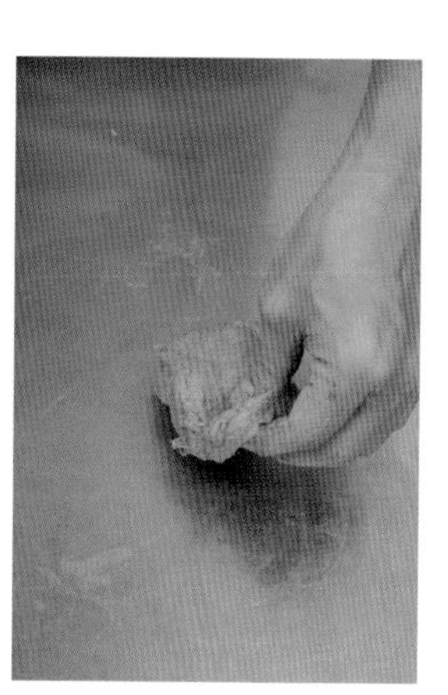

10 將4個角往中間捲，捲完後又會形成4個角，同樣再往中間捲起。

11 「用切刀鏟起麵團→摔打在工作台上→對摺」20個循環為1組，共進行3組。
＊ 結束1組後稍作休息。

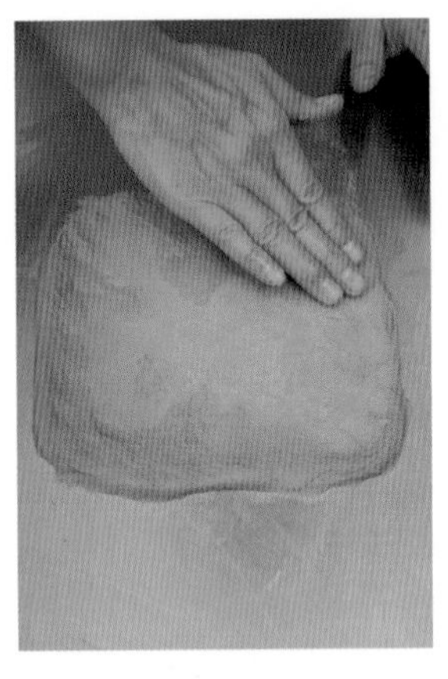

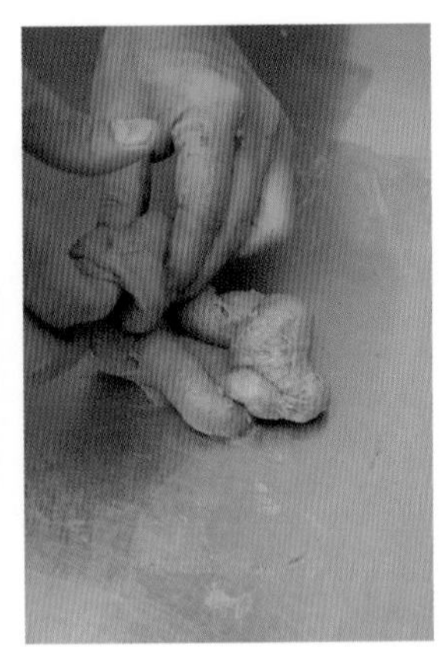
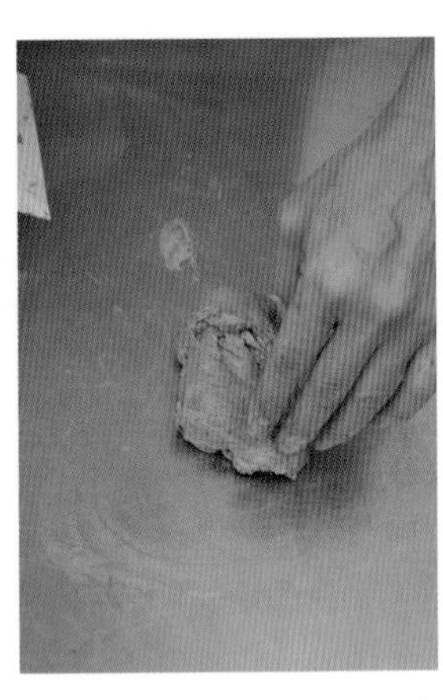

12 將麵團推成20cm方形，倒入1/3的水量，用手紙整個按壓均勻。

13 將4個角往中間捲，捲完後又會形成4個角，同樣再往中間捲起。

＊ 這時麵團很容易破裂，所以動作要輕柔，

14 進行20次「用切刀鏟起麵團→摔打在工作台上→對摺」，並重複2次12→14的步驟。

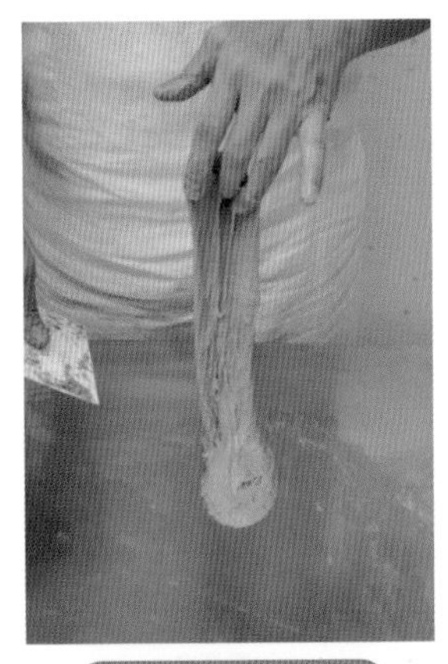

揉成溫度 27℃

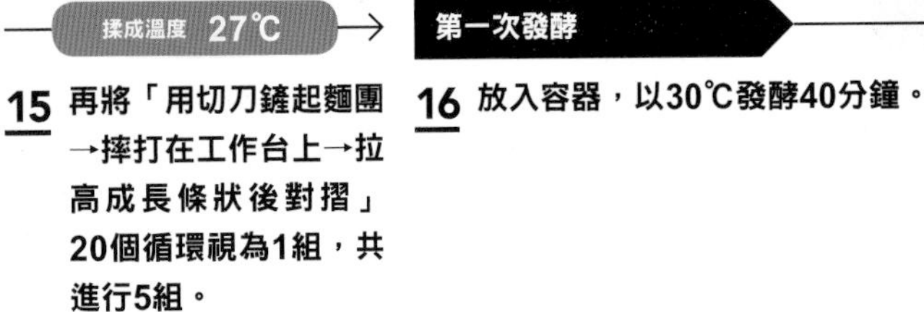

第一次發酵

分割、揉圓

15 再將「用切刀鏟起麵團→摔打在工作台上→拉高成長條狀後對摺」20個循環視為1組，共進行5組。

＊ 結束1組後稍作休息。

16 放入容器，以30℃發酵40分鐘。

17 在麵團表面撒點麵粉，切刀插入容器內側邊緣，將麵團取出。

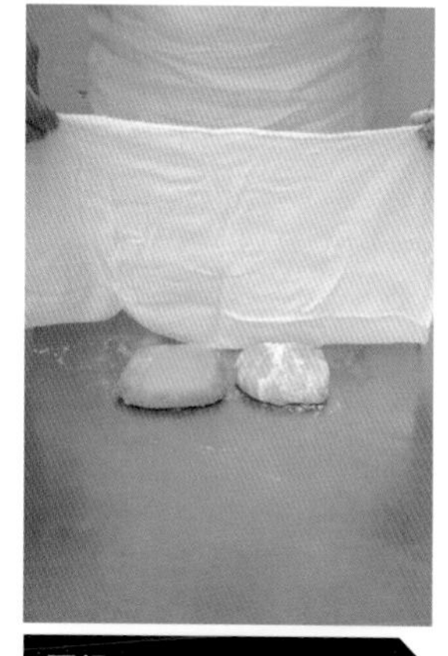

18 2等分，將麵團從下方往上1/3處摺疊後，再往上摺。

19 轉動方向、翻面，再以步驟18的方式摺疊麵團，另一塊麵團的作法相同。

醒麵

20 蓋上濕毛巾，靜置15分鐘。

整型

21 在工作台撒手粉，接著將麵團翻面，擺上一半的核桃碎塊，從下方與上方將麵團摺起包住後，輕輕按壓。

＊將核桃放入塑膠袋，以擀麵棍敲碎。

發酵前

發酵後

22 轉動方向，撒入一半的高達起司，再以和步驟21一樣的方式捲起麵團，另一塊麵團的作法相同。

最後發酵

23 將2塊麵團擺入Pani-Moules木製烤模內附的矽膠烘焙紙，接著放入烤模中，以35℃發酵1小時20分鐘。

＊Pani-Moules是Panibois公司以白楊木製成的烤模。

烘烤

24 撒上葛瑞爾起司，放入烤箱下層，以200℃（無蒸氣）烘烤10分鐘→轉動方向後再以190℃（無蒸氣）烘烤7分鐘。

水果麵包

規劃配方

STEP1 思考要烤出怎樣的麵包

希望是非常沉甸、濕潤，卻又有酥脆感的麵包。水果酸味加上含酒的果香，接著再與小麥發酵的酸味、鮮味，以及豆漿發酵的酸味與鮮味結合而成的水果麵包。

STEP2 思考「烘烤」的溫度與時間

如果是既濕潤又沉甸的麵包，內部會不好受熱。為了讓內外的受熱程度均勻，就必須以較低的溫度長時間烘烤，避免外側烤焦。

STEP3 思考「最後發酵」的溫度、濕度、時間

既濕潤又沉甸的麵包內部非常難受熱，所以要以較低的溫度烘烤。內層必須均勻，骨架不可塌陷，所以要避免發酵時麵團膨脹，才能讓內部更容易受熱。

STEP4 思考最後發酵所需的「整型」方法

讓麵團均勻膨脹，避免骨架塌陷。用均勻的力道輕柔整型，避免破壞氣泡，同時也能讓內部更容易受熱。

STEP5 思考整型前的「醒麵」與「分割、揉圓」

揉圓的話，中間的麵團可能出現太過密實的情況，所以不要揉圓，而是維持第一次發酵的狀態來整型。小心從容器取出，不要破壞麵團。

STEP6 思考第一次發酵的溫度、濕度、時間

為了讓第一次發酵能夠盡量均勻膨脹，揉成溫度要設定為酵母可充分發揮作用的27℃。發酵則是和揉成溫度相近的28℃，將麵團鋪平，無需揉圓。

STEP7 思考適合第一次發酵的麵團攪拌（揉合）法

因為是使用接近波蘭液種的魯邦豆漿種，所以酵種骨架脆弱。再加上水果用量多，容易塌陷，因此要用輕拉的方式揉合麵團。

完成配方

材料　1個分

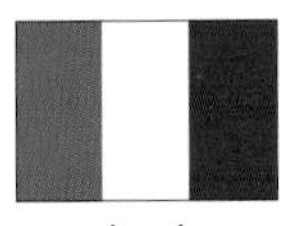

法國
〈LV1（SAF魯邦種）〉

×

美國
〈Einkorn全麥麵粉〉

×

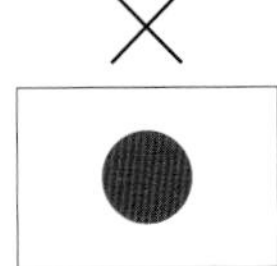

日本
〈豆漿種〉
〈春豐Blend〉

□豆漿種

	烘焙百分比%	
Einkorn全麥麵粉 →古代小麥中最古老的種類。表皮堅硬，麵筋骨架極為脆弱，澱粉表現較乾澀。	20	20g
LV1（SAF魯邦種） →市售品，內含與魯邦種相關的多種乳酸菌與酵母菌。	0.1	0.1g
豆漿（無調整） →作為微生物的養分來源，能展現出複雜的味道及風味。	28	28g
Total	48.1	48.1g

□主麵團

	烘焙百分比%	
春豐Blend →使用高筋麵粉，避免麵團塌陷。	80	80g
即溶乾酵母	0.3	0.3g
豆漿種	48	48g
海人藻鹽	2	2g
蜂蜜 →味道及風味強烈，使用結合水含量較多的糖類，藉此提升保水性。	6	6g
水	50	50g
太白胡麻油	10	10g
醃漬水果Ⓐ（處理成泥狀） →和不再做加工的醃漬水果一起混入麵團的話，能讓水果順利地與麵團整體融合。	80	80g
醃漬水果Ⓑ（不再做加工）	80	80g
Total	356.3	356.3g

醃漬水果作法（容易製作的份量）

在容器中放入棗子30g（切成1.5cm塊狀）、黃金莓（燈籠果）30g、橙皮10g、杏桃30g（切成1.5cm塊狀）、蔓越莓20g、白無花果20g（切成1.5cm塊狀）、蘇丹娜葡萄乾20g、Poire Williams梨子白蘭地20g、白蘭姆酒10g、君度橙酒10g，醃漬2天以上。

架構起製作流程

製作豆漿種

攪拌完成溫度為24℃，接著以30℃發酵20～24小時。豆漿種屬於調整過的魯邦液種。此酵種帶有小麥與豆漿的乳酸發酵後所散發的鮮味及酸味，麵筋骨架就像波蘭液種一樣脆弱。

↓

〈主麵團〉

攪拌

揉成溫度為27℃。取出60g的外皮用麵團，並在剩餘的本體麵團中加入醃漬水果。酵種的骨架脆弱，再加上水果用量較多，因此容易塌陷。要輕柔地拉伸揉合麵團，讓此麵團骨架分布於外側作為外皮，盡可能地避免塌陷。要以酵母能充分作用的偏高溫度揉成，才能讓麵團膨脹得更為均勻。

↓

第一次發酵

以28℃發酵1小時。設定為酵母能充分作用的溫度，且讓麵團鋪平，無需揉圓，這樣才能膨脹得更均勻。

↓

整型

用推成大片的外皮麵團包覆本體麵團。

↓

烘烤

烤箱預熱250℃，劃刀痕。以200℃（含蒸氣）烘烤15分鐘→200℃（無蒸氣）烘烤20分鐘→轉動方向後，再以200℃（無蒸氣）烘烤10～15分鐘。為了讓內外的受熱程度均勻，就必須以較低的溫度長時間烘烤，避免外側烤焦。

Point

製作豆漿種時，麵粉要添加的水分量較高，這是為了讓微生物更容易活動。同時要拉長發酵時間，才能慢慢形成美味與酸味。使用市售的魯邦種能避免酸味太過強烈。製作主麵團時，加入水果後要進行8次的「重疊輕壓」，感覺就像是在製作256片均勻的層次。並以烘焙紙取代模型，不僅能預防麵團塌陷扁掉，還能避免長時間烘烤導致烤焦。

製作豆漿種

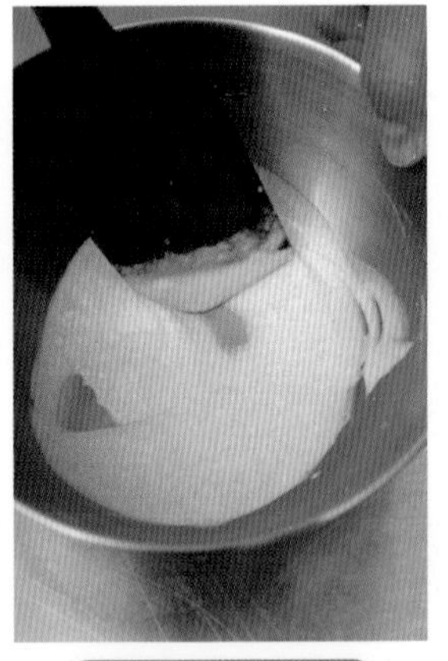

混合 → 攪拌完成溫度 24℃ → 發酵 →

1 將豆漿到入料理盆，加入LV1（SAF魯邦種）靜置5分鐘
＊豆漿要先降至常溫。

2 加入麵粉，用橡膠刮刀劃圓攪拌到沒有粉狀感。

3 放入容器，以30℃發酵20～24小時。

主麵團

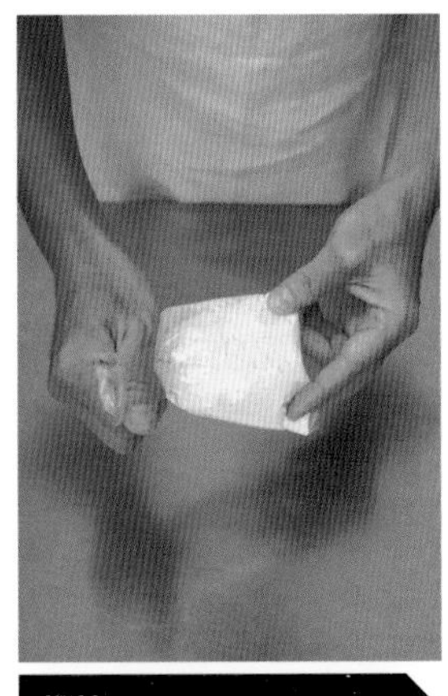

攪拌 →

4 將酵母倒入裝有麵粉的塑膠袋，搖晃混合。

5 依序將鹽→蜂蜜→水倒入料理盆，接著加入3的豆漿種攪拌。

6 加入胡麻油攪拌。接著加入粉類，由下往上翻，攪拌到沒有粉狀感。

7 取至工作台，用手推成15cm左右的方形。

外皮麵團

揉成溫度 27℃

第一次發酵（外皮麵團）

8 將4個角往中間捲，捲完後又會形成4個角，同樣再往中間捲起。

9 秤量60g外皮麵團，放入容器。

10 以28℃發酵1小時。

本體麵團

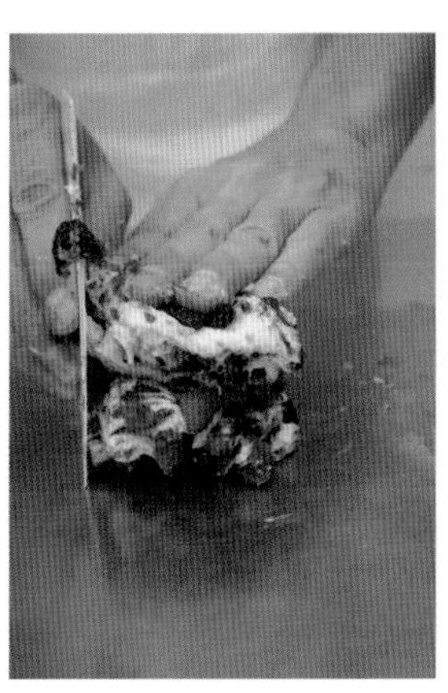

第一次發酵（本體麵團）

11 用手混合醃漬水果Ⓐ、Ⓑ，分成2等份。1份放於工作台，鋪平成12cm方形，接著擺上麵團，再鋪上另1份醃漬水果，並用手按壓。

12 重複8次「用切刀對半切→重疊→用手按壓」。

13 放入容器，鋪平後以28℃發酵1小時。

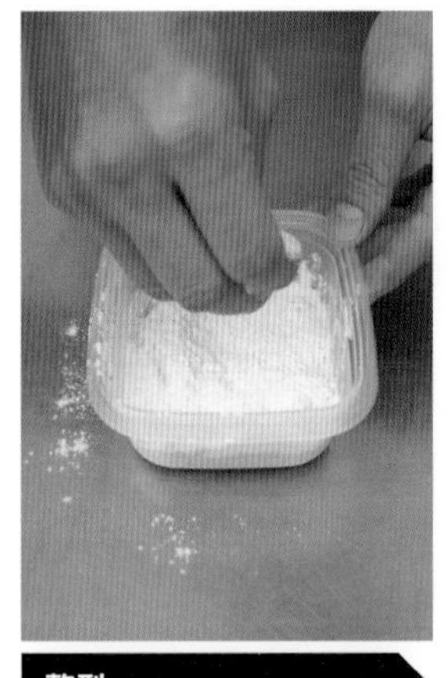

整型

14 在步驟10的外皮麵團表面撒上大量手粉。

15 切刀插入容器內側邊緣，將麵團取出，撒上手粉。

16 用手將麵團由中間往外輕輕推成12×18cm的大小。

17 在13的本體麵團撒點手粉。

18 切刀插入容器內側邊緣，將麵團取出，由上往下對摺。

19 用切刀鏟起本體麵團，擺在16外皮麵團的下半部。

20 切刀鏟入外皮麵團下方，接著將麵團往前輕輕捲起。

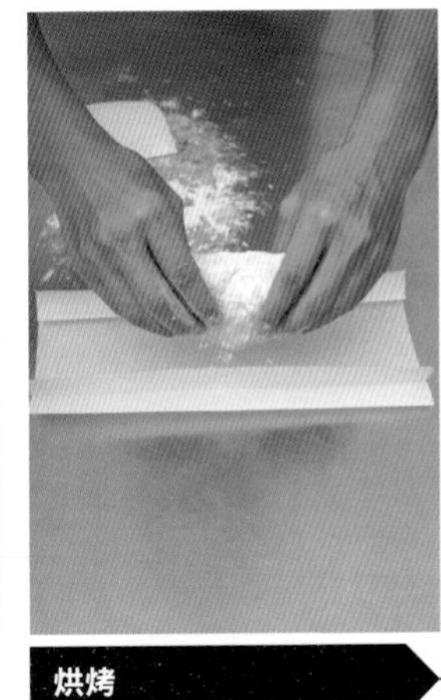

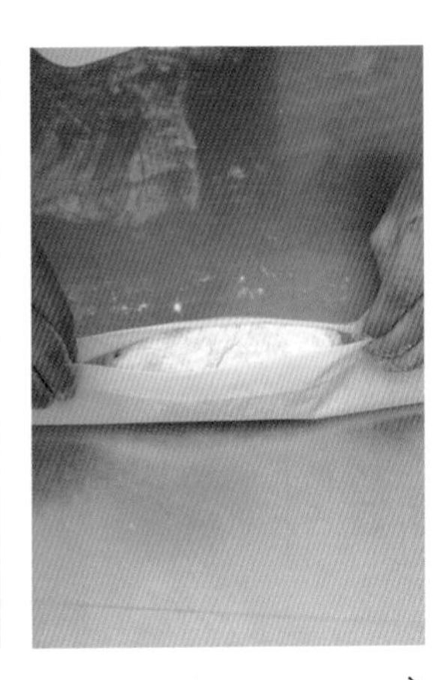

烘烤

21 捲完時收口朝下。

22 用手指將麵團兩邊捏緊。

23 將麵團擺在烘焙紙中間，收口朝下。

＊烘焙紙裁切成23×30cm的大小。將兩邊外摺2cm後，再內摺2cm。

24 對齊位置，包起麵團。

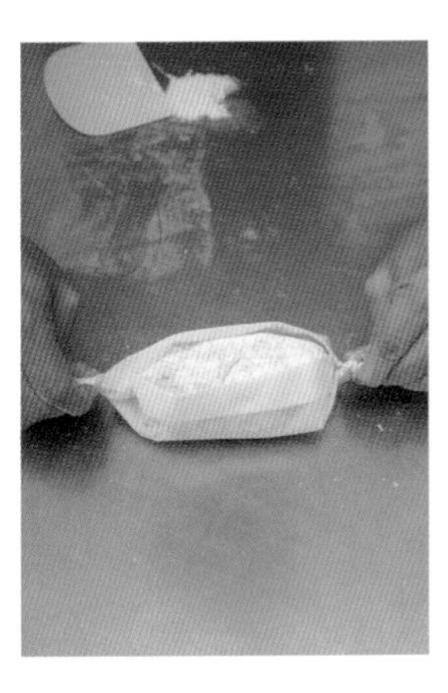

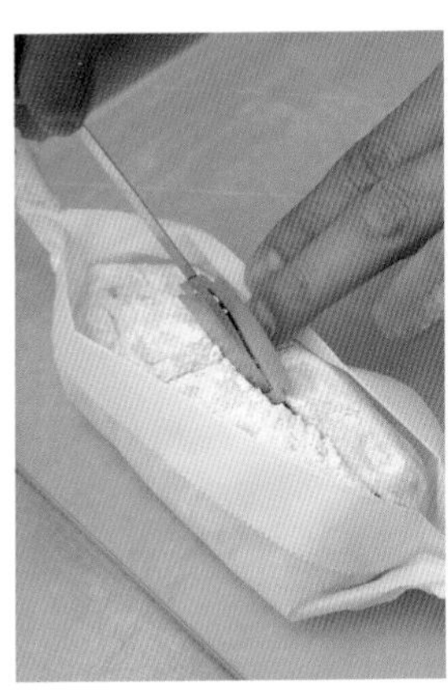

25 將兩邊捲起固定。

26 用割紋刀在麵團中間劃1條較深的刀痕。

27 將麵團從板子移入烤箱上層（預熱250℃）。

28 在下層烤板噴水。以200℃（含蒸氣）烘烤15分鐘→200℃（無蒸氣）烘烤20分鐘→轉動方向後，再以200℃（無蒸氣）烘烤10～15分鐘。

黃豆粉麵包

規劃配方

STEP1 思考要烤出怎樣的麵包

硬麵包。口感輕盈，帶甜味，兼具濕潤與酥脆表現的麵包。

STEP2 思考「烘烤」的溫度與時間

既然是硬麵包，麵團就會快速膨脹，因此需以較高溫的「含蒸氣」條件烘烤。要先在烤盤鋪上不易透熱的紙張，避免烤焦。

STEP3 思考「最後發酵」的溫度、濕度、時間

整型後的麵團骨架脆弱，所以無需發酵，而是在常溫下立刻劃刀痕，讓麵團直接在烤箱中變大。

STEP4 思考最後發酵所需的「整型」方法

要保留氣泡。摺成3褶，讓麵團更容易往上膨脹。

STEP5 思考整型前的「醒麵」與「分割、揉圓」

麵團中加入了大量既甜又容易塌陷的餡料，所以在整型時要用外皮麵團包住本體麵團避免烤焦。同時也能避免麵團過度橫向拓開。

STEP6 思考第一次發酵的溫度、濕度、時間

膨脹到出現大量氣泡的話，整型時麵團就很容易塌陷，所以開始出現小氣泡時就要停止發酵。還要把麵團鋪平，才會均勻膨脹。

STEP7 思考適合第一次發酵的麵團攪拌（揉合）法

揉合力道要輕揉，口感才會酥脆。為了讓口感帶點輕盈感，這裡還使用了雞蛋。

完成配方

材料　1個分

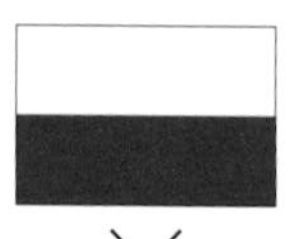

波蘭
〈波蘭液種〉

×

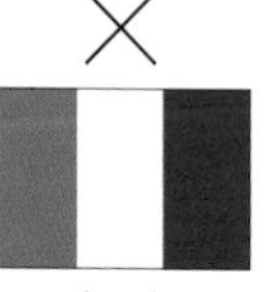

法國
〈美禾薇麵粉〉

×

美國
〈百合花麵粉〉

×

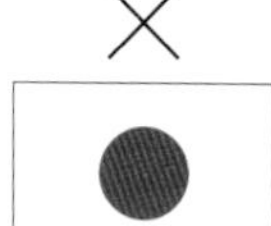

日本
〈啤酒花種〉
〈黃豆粉〉

□波蘭液種

	烘焙百分比%	
美禾薇（Mereille）麵粉 →產自法國的中高筋麵粉。擁有不同於日本國產小麥的強烈滋味與風味。	30	30g
啤酒花種 →味道與風味介於啤酒及日本酒間，是非常容易膨脹的酵種。	30	30g
Total	60	60g

□主麵團

	烘焙百分比%	
百合花（Lys d'or）麵粉 →含有微量麥芽粉的北美產中高筋麵粉。 在製作硬麵包時，是能避免麵團塌陷的麵粉。	65	65g
黃豆粉	5	5g
波蘭液種	60	60g
即溶乾酵母	0.3	0.3g
鹽	1.6	1.6g
椰棗蜜 →與黃豆粉的香味極為相搭。使用結合水含量較多的糖類，藉此提升保水性。	20	20g
散蛋 →作為避免麵團烘烤時塌陷，更容易凝固的補強材料。	20	20g
鮮奶	20	20g
甘納豆	40	40g
糖漬栗子（不完整顆粒）	20	20g
奶油（無鹽）	10	10g
Total	261.9	261.9g

啤酒花種起種法

	第1天	第2天	第3天	第4天	第5天
啤酒花汁液	40g	25g	12.5g	12.5g	12.5g
麵粉（春之戀）	30g	20g	10g		
馬鈴薯泥	75g	37.5g	37.5g	37.5g	37.5g
蘋果泥	10g	7.5g	5g	5g	5g
水	95g	80g	120g	150g	150g
米麴	2.5g	2.5g	2.5g	2.5g	2.5g
黍砂糖		2.5g	2.5g	2.5g	2.5g
上一次的種		75g	62.5g	50g	45g

在小鍋子中加入4g啤酒花果實與200g水，沸騰後轉小火煮5分鐘左右，讓汁液收乾剩一半。到第3天為止都是使用與麵粉混勻的熱啤酒花汁液。將所有材料放入容器並充分混合。攪拌完成溫度為27℃，發酵溫度為28℃，每6小時就要攪拌。

架構起製作流程

製作波蘭液種

攪拌完成溫度為23℃。以28℃發酵3小時後，放置冰箱冷藏一晚。讓波蘭液種發酵到增加大量氣泡且輕輕搖晃就會破掉的程度。

↓

〈主麵團〉

攪拌

取出60g的外皮用麵團，並在剩餘的本體麵團中加入餡料。揉成溫度為25℃，搓揉時動作要輕柔。

↓

第一次發酵

以30℃發酵1小時。將麵團鋪平，才能膨脹得更均勻。為了避免整型時麵團塌陷，膨脹至1.1～1.3倍即可。為了不讓氣泡破裂，因此無需揉圓也無需醒麵。

↓

整型

用推成大片的外皮麵團包覆本體麵團。

↓

最後發酵

常溫下發酵5分左右。

↓

烘烤

烤箱預熱250℃。在烤盤鋪疊2張影印紙，劃刀痕。以220℃（含蒸氣）烘烤10分鐘→轉動方向後，再以230℃（無蒸氣）烘烤10～15分鐘。既然是硬麵包，麵團就會快速膨脹，所以要以蒸氣＆高溫烘烤。在烤盤鋪影印紙是為了避免烤焦。烘焙紙容易透熱，因此改用影印紙。

Point

採用類似烤餅乾，麵筋銜接性不會太過強烈的步驟，對於發酵種也是相當講究。關鍵在於要讓麵筋骨架銜接性較弱的麵團以非常柔和的方式膨脹。

製作波蘭液種

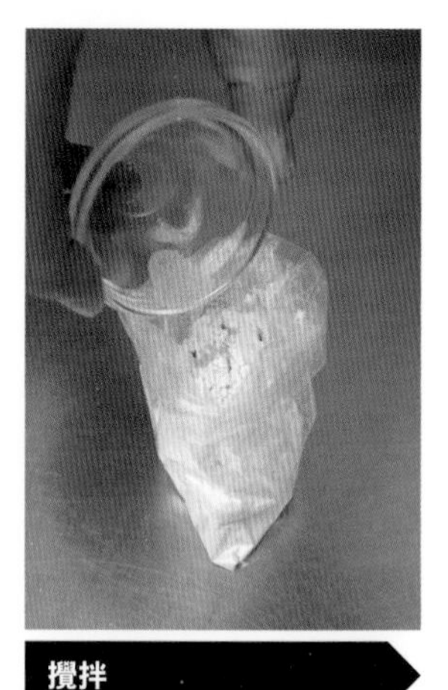

混合

1 將啤酒花種倒入料理盆，加入麵粉，用橡膠刮刀劃圓攪拌到沒有粉狀感。

發酵

2 放入容器，以28℃發酵3小時後，放置冰箱冷藏一晚。

＊讓波蘭液種發酵到增加大量氣泡且輕輕搖晃就會破掉的程度。

主麵團

攪拌

3 將酵母倒入裝有麵粉的塑膠袋，搖晃混合。

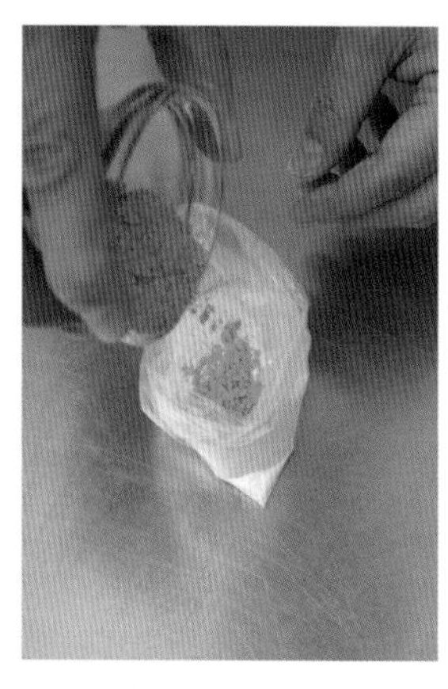

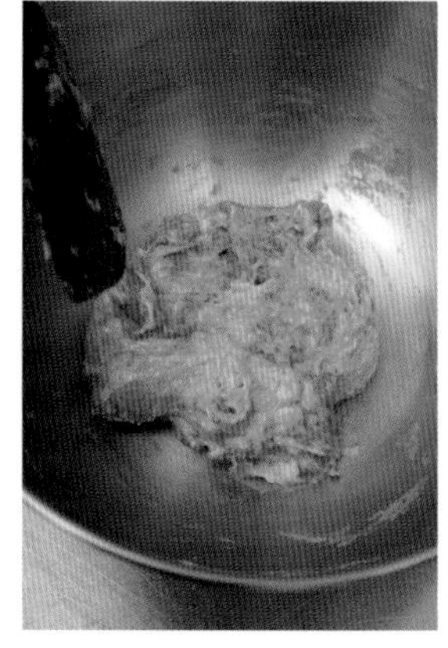

4 打開袋子，加入黃豆粉，再繼續搖晃混合。

5 依序將鹽→椰棗蜜→鮮奶→散蛋倒入料理盆，用橡膠刮刀攪拌。

6 加入麵粉，由下往上翻拌，在還帶點粉狀感的時候，加入2的波蘭液種。

7 由下往上翻，攪拌到沒有粉狀感。

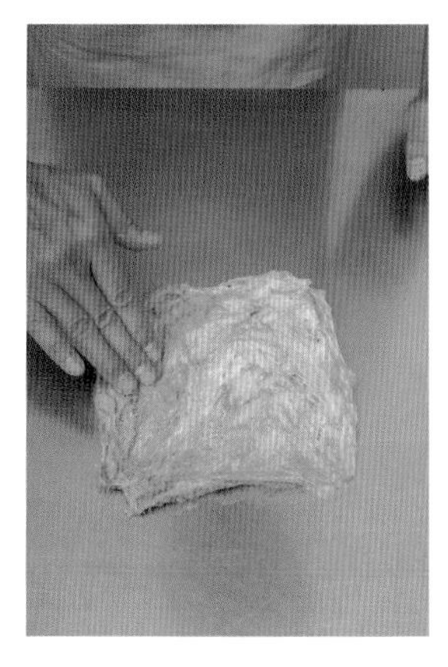

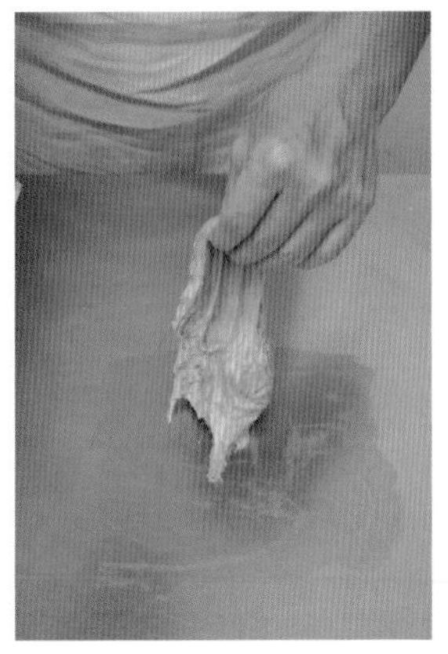

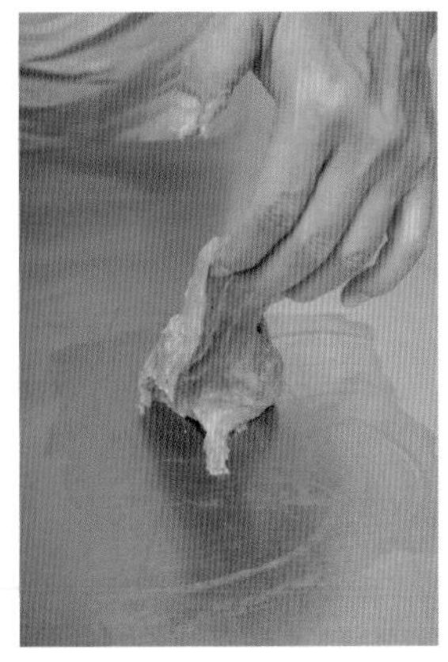

8 將麵團倒至工作台，用手推成20cm左右的方形。還有結塊的話則是用手均勻推開，再以切刀鏟在一起。

9 「用切刀鏟起麵團→輕摔在工作台上→對摺」6個循環為1組，共進行3組。
＊結束1組後稍作休息。

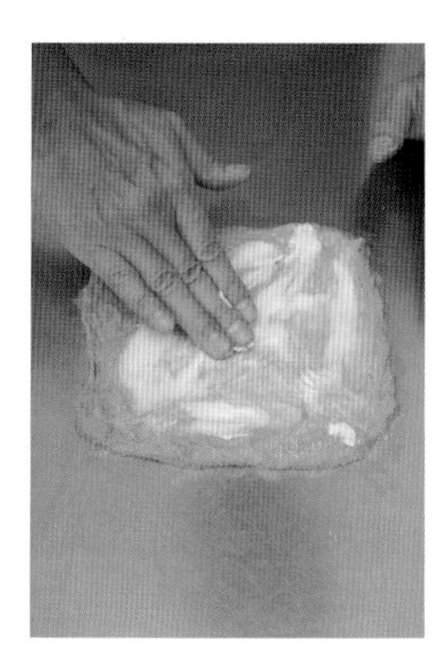

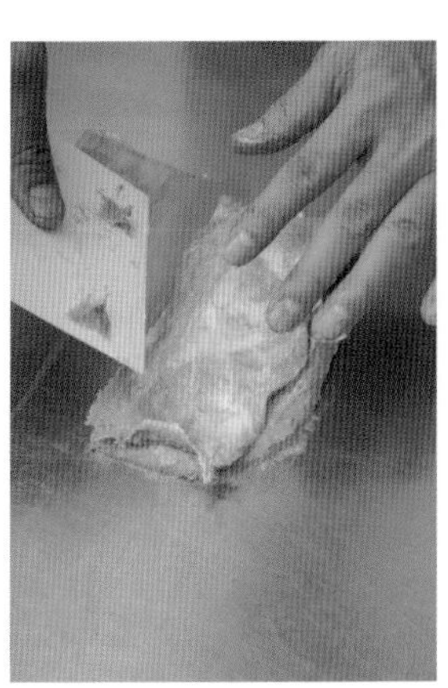

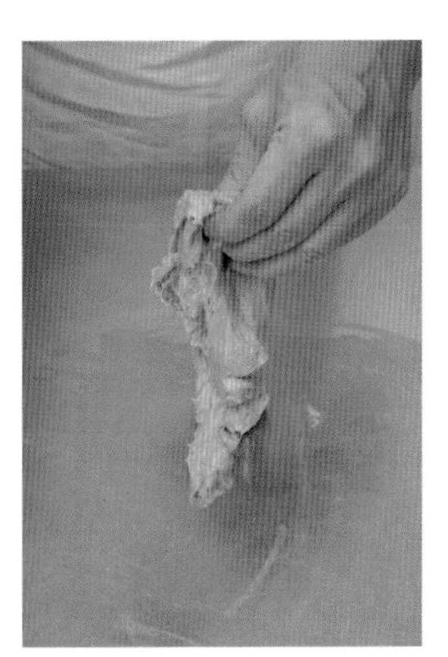

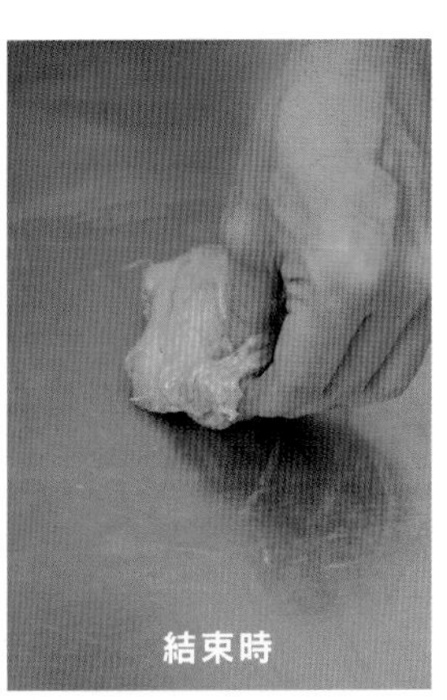

揉成溫度 25℃

10 用手把麵團推成20cm方形，擺上奶油再均勻推開。

11 重複8次「用切刀對半切→重疊→用手按壓」。

12 「用切刀鏟起麵團→輕摔在工作台上→對摺」6個循環為1組，共進行3組。
＊結束1組後稍作休息。

外皮麵團

第一次發酵（外皮麵團）

13 秤量60g外皮麵團，放入容器。以30℃發酵1小時。

本體麵團

攪拌後　　揉成溫度 25℃

14 用手把糖漬栗子剝成紅豆大小，擺在剩餘的主體麵團上，接著再均勻擺上大納言紅豆，並用手按壓。

15 重複8次「用手指對半麵團→重疊」。

＊用手指切開麵團是為了避免大納言紅豆破掉。

第一次發酵（本體麵團）

16 放入容器，鋪平後以30℃發酵1小時。

整型

17 將13的外皮麵團撒上大量手粉，切刀插入容器內側邊緣，取出麵團後，再撒大量手粉。接著用手輕輕推成12×18cm的大小。

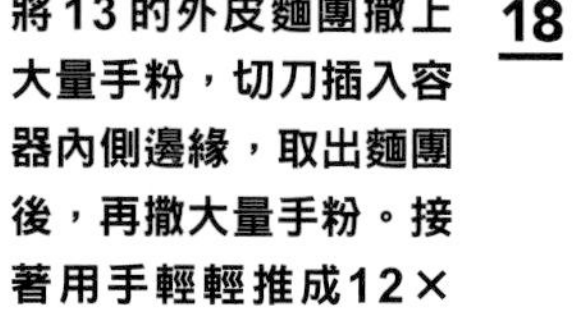

18 在16的本體麵團撒點手粉，切刀插入容器內側邊緣，將麵團取出。將麵團上下方摺起，摺成3褶。

19 用切刀鏟起本體麵團，擺在17外皮麵團的下半部，本體麵團的收口要朝下。

20 切刀鏟入外皮麵團下方，接著將麵團往前捲起。

21 用手指將麵團兩邊捏緊。

22 將麵團往下滾回，沾裹大量手粉。

最後發酵

23 將麵團放在鋪有烘焙紙（10×20cm）的板子上，收口朝下，靜置約5分鐘。

烘烤

24 用割紋刀在麵團中間劃1條刀痕後，再於兩邊分別劃5條斜刀痕。

25 將麵團從板子移入鋪有2張影印紙的烤箱上層（預熱250℃）。

＊鋪較難透熱的紙才能避免烤焦。

26 在下層烤板噴大量的水，以220℃（含蒸氣）烘烤10分鐘→轉動方向後，再以230℃（無蒸氣）烘烤10～15分鐘。

紅味噌麵包

規劃配方

STEP1 思考要烤出怎樣的麵包

除了有裸麥發酵後，酸種會產生的強烈酸味及風味外，更結合了紅味噌的大豆充分發酵後，鮮味與香味絲毫不輸給酸種的麵包。屬於濕潤＆Q彈的硬麵包。未使用鹽，只靠紅味噌本身的鹹度，所以成品的味道柔和。

STEP2 思考「烘烤」的溫度與時間

麵團骨架脆弱，所以劃入刀痕，避免麵團變大時過度膨脹。搭配較多的蒸氣，讓麵團在烘烤前半階段充分延展，並於後半階段拉高溫度，使麵團能確實烤硬凝固。

STEP3 思考「最後發酵」的溫度、濕度、時間

整型後的麵團脆弱容易塌陷，因此不再發酵，直接劃刀痕，讓麵團在烤箱內延展變大。

STEP4 思考最後發酵所需的「整型」方法

以不會破壞氣泡的力道加以重整。

STEP5 思考整型前的「醒麵」與「分割、揉圓」

為了要保留下氣泡，省略「揉圓」與「醒麵」。從容器取出時動作要輕柔。

STEP6 思考第一次發酵的溫度、濕度、時間

形成大量氣泡的話，整型時就很容易塌陷。所以開始出現小氣泡時就要停止發酵。還要把麵團鋪平，才會均勻膨脹。

STEP7 思考適合第一次發酵的麵團攪拌（揉合）法

既然是用短時間發酵的方式製作麵包，就必須使用酸味、鮮味、香味表現較強烈的裸麥酸種與材料。裸麥酸種的骨架脆弱，必須輕柔地攪拌均勻。

完成配方

材料　2個分

烘焙百分比63%的裸麥酸種中，裸麥麵粉的用量設定為30%，與70%春之戀加總後為100%。

德國
〈裸麥酸種〉

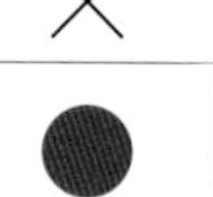

日本
〈春之戀〉
〈紅味噌〉

□主麵團

	烘焙百分比%	
春之戀	70	175g
裸麥酸種 →使用的是裸麥全麥麵粉，所以穀物的味道與風味會比小麥麵粉更強烈。	63	157.5g
即溶乾酵母	0.24	0.6g
紅味噌 →帶有鹹度的鮮味及風味表現強烈的豆製味噌。	10	25g
南瓜泥 →使用前要加熱。利用糊化澱粉提升保水性，能將味噌與裸麥酸種強烈的味道及風味調整得更醇厚。	30	75g
水	40	100g
腰果（烤過）	30	75g
Total	243.24	608.1g

□整型時

紅切達起司（骰子狀）	40g
葛瑞爾起司（起司絲）	20g

裸麥酸種起種法

	第1天	第2天	第3天	第4天
粗磨裸麥全麥麵粉	75g	70g	—	—
細磨裸麥全麥麵粉	—	—	100g	100g
水	75g	70g	100g	100g
上一次的種	—	7g	10g	10g
發酵時間	約1天	約1天	約1天	約1天

依上表將材料放入容器混合，製作所需天數約4天。
攪拌完成溫度為26℃，發酵溫度為28℃。

架構起製作流程

〈主麵團〉

攪拌

揉成溫度為25℃。裸麥酸種的骨架脆弱，要輕輕地揉合均勻。

↓

第一次發酵

以30℃發酵1小時30分鐘～1小時40分鐘。將麵團鋪平，才能膨脹得更均勻。為了避免整型時麵團塌陷，膨脹至1.1～1.3倍即可。為了不讓氣泡破裂，因此無需揉圓也無需醒麵。從容器取出時動作要輕柔。

↓

整型

包入紅切達起司，接著擺上葛瑞爾起司並對摺。

↓

最後發酵

常溫下發酵5分鐘左右。整型好的麵團骨架脆弱，容易塌陷，所以只要在常溫下稍作發酵。

↓

烘烤

烤箱預熱250℃。劃刀痕，以230℃（含蒸氣）烘烤10分鐘→轉動方向後，再以250℃（無蒸氣）烘烤15分鐘。搭配蒸氣，讓劃刀痕的麵團在烘烤前半階段充分延展，並於後半階段拉高溫度，使麵團能確實烤硬凝固。

Point

製作時間較短的麵包經烘烤後容易變得乾柴，所以這裡使用了糊化的南瓜糊與裸麥。若覺得鹹味不足，可在製作主麵團時添加0.8%的鹽。紅味噌雖然沒辦法讓麵團膨脹，但其實也可以歸類成發酵種。鹹味較淡的配方麵團會快速鬆散扁掉，所以烘烤時要讓麵團在烤箱內一股氣延伸開來。

主麵團

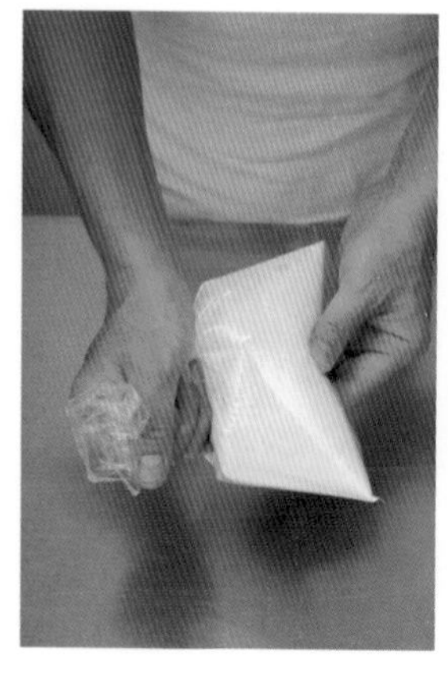

攪拌

1 將酵母倒入裝有麵粉的塑膠袋。

2 搖晃混合。

3 將紅味噌放入料理盆，一點一點地倒入1/3的水量，並用打蛋器攪拌均勻到沒有結塊。

4 倒入南瓜泥、剩餘的水、裸麥酸種。

5 用橡膠刮刀稍作攪拌。

6 加入麵粉，用切的方式由下往上翻。

7 攪拌到沒有粉狀感便可停止。

8 將腰果放入塑膠袋後，再以擀麵棍敲碎。

結束時

揉成溫度 25℃

9 將8加入7，重複8次「用橡膠刮刀對半切→重疊→按壓」。

發酵前

發酵後

第一次發酵

10 放入容器，鋪平後以30℃發酵1小時30分鐘～1小時40分鐘。

整型

11 撒入大量手粉。

12 切刀插入容器內側邊緣。

13 容器倒扣，將麵團倒在工作台上。

14 用切刀分2等份。

15 將麵團往中間推成正方形，並將4個角往中間摺，但注意中心處不可重疊。

16 將麵團轉動45度，將下方麵團往上1/3處摺疊。

17 在中間擺上1/4的切達起司。

18 由上往下摺疊麵團，蓋住起司。

19 再於中間擺上1/4的切達起司，由上往下摺疊麵團。

20 於中間擺上一半的葛瑞爾起司。

21 邊用左手拇指將起司推入，邊用右手指根壓住麵團。另一塊麵團同樣以步驟15～21製作。

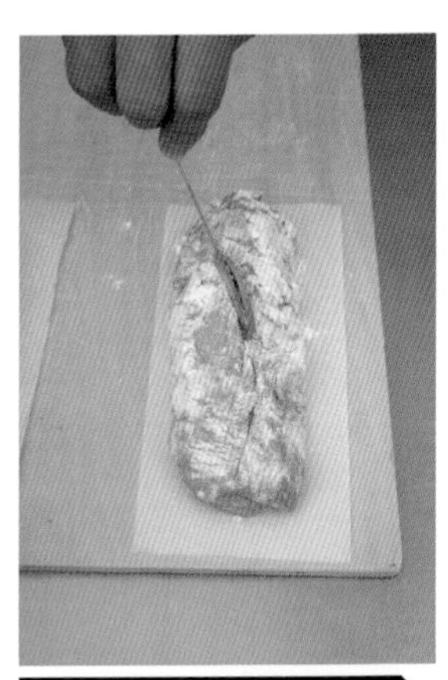

最後發酵

22 在板子鋪放烘焙紙（10×20cm），將麵團分別擺上，靜置約5分鐘。

烘烤

23 用割紋刀在麵團劃一道曲線幅度較小的S形深刀痕，並於中間的轉彎處改變割紋刀方向。

24 烤箱預熱250℃，將麵團從板子移入烤箱上層。在下層烤板噴大量的水。以230℃（含蒸氣）烘烤10分鐘→轉動方向後，再以250℃（無蒸氣）烘烤15分鐘。

聖誕麵包

規劃配方

STEP1 思考要烤出怎樣的麵包

擁有膨鬆的美妙口感，搭配上奶油帶來的濕潤表現，是能在口中化開的發酵糕點。結合優格種與中種的使用方式，能讓甜美麵包的尾韻中留下一股淡淡酸味。

STEP2 思考「烘烤」的溫度與時間

甜麵團必須搭配較低的溫度烘烤。放入模型中避免麵團橫向拓開，劃刀痕與使用奶油能讓麵團慢慢往上延展。稍微拉長烘烤時間，火候才能充分進入麵團中心。

STEP3 思考「最後發酵」的溫度、濕度、時間

為了保留烘烤過程中，麵團能慢慢延展骨架的能力，因此發酵到模型的8分滿即可。

STEP4 思考最後發酵所需的「整型」方法

希望麵團中間處能比外圍擁有更紮實的延展力，所以整型時要盡量錯綜複雜。

STEP5 思考整型前的「醒麵」與「分割、揉圓」

因為是糖與油脂含量較多的麵團，一旦醒麵時間較長，麵團就會變軟且溫度提高，增加整型的難度。這時需把麵團攤成薄平狀，排出氣體，省略「揉圓」與「醒麵」，直接進入整型。

STEP6 思考第一次發酵的溫度、濕度、時間

糖與油脂含量較多的麵團會使酵母不易活動，一旦過度膨脹，麵筋骨架也會變得脆弱。發酵時間如果太長，酸味也會變得過於強烈，因此需特別留意。

STEP7 思考適合第一次發酵的麵團攪拌（揉合）法

糖與油脂含量較多的麵團不易形成麵筋骨架，所以選用中種法打造強韌骨架。同時搭配骨架結構較弱的優格種，展現口感與酸味。將2個酵種以緩慢但稍微施加力道的方式混合。確定骨架開始銜接後，就可以不斷纏繞，直到麵團變滑順，讓麵團的延展性發揮到極限。

完成配方

材料　3個分

烘焙百分比45%的優格種中，全麥麵粉麵粉的用量設定為15%，與60%的夢之力100%和25%的春豐Blend加總後為100%。

美國
〈中種〉

×

日本
〈夢之力100%〉
〈春豐Blend〉
〈優格種〉

□中種

	烘焙百分比%	
夢之力100%	60	60g
即溶乾酵母	0.2	0.2g
鮮奶	45	45g
Total	105.2	105.2g

□主麵團

	烘焙百分比%	
春豐Blend	25	25g
優格種（續種）	45	45g
中種	105	105g
鹽	1.5	1.5g
黍砂糖Ⓐ	15	15g
蛋黃 →增加容易與油脂乳化的蛋黃使用量，這樣就能與大多數的奶油及麵團融合。	20	20g
鮮奶	10	10g
奶油（無鹽）	50	50g
黍砂糖Ⓑ →和奶油一起攪拌會更容易乳化。	5	5g
榛果片（烤過）	5	5g
巧克力豆（整型時）	20	20g
Total	301.5	301.5g

□其他

奶油（無鹽）	適量

優格種（起種&續種）的作法

〔起種〕

在容器中放入100g全麥麵粉、100g水、100g優格（原味）、10g蜂蜜，每隔12小時輕輕攪拌使其發酵，直到出現大量小氣泡。攪拌完成溫度為28℃，以30℃發酵24～48小時。

〔續種〕

在容器中放入100g全麥麵粉、100g水、100g優格（原味）、10g蜂蜜、優格種（起種）50g，使其發酵直到出現大量小氣泡。攪拌完成溫度為28℃，以30℃發酵5小時左右。

架構起製作流程

製作中種

攪拌完成溫度為27℃。以30℃發酵3小時後，放置冰箱冷藏一晚。使用前1小時從冰箱取出。要在麵團塌陷前停止發酵。

↓

〈主麵團〉

攪拌

揉成溫度為23℃。用緩慢但稍微施加力道的方式混合優格種與中種。確定骨架開始銜接後，就可以不斷纏繞，直到麵團變滑順，讓麵團的延展性發揮到極限。

↓

第一次發酵

以28℃發酵3小時後，放置冰箱冷藏一晚。發酵時間太長會讓酸味變得過於強烈，所以大約膨脹1.5倍即可。

↓

分割、揉圓

3等分，將麵團整個攤平。把麵團攤成薄平狀，排出氣體，省略「揉圓」與「醒麵」，直接進入整型。

↓

整型

加入巧克力豆。

↓

最後發酵

以30℃發酵2小時（膨脹至1.5倍），大約是模型的8分滿。

↓

烘烤

用剪刀剪出刀痕，擺上奶油。以190℃（無蒸氣）烘烤15分鐘。將麵團擺入模型，劃刀痕並擺上奶油，讓麵團能慢慢往上延展。設定較低溫度，拉長烘烤時間，讓麵團中心充分受熱。

Point

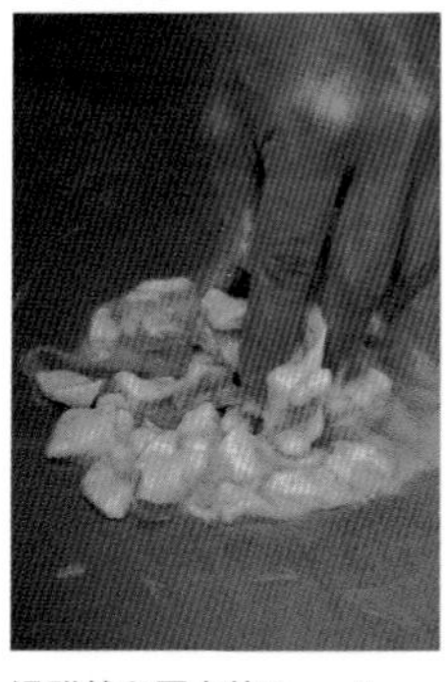

這雖然和原本的Panettone酵種不太一樣，但與乳酸發酵的優格種搭配使用後，不僅能增添酸味，還能加入乳品發酵後的味道與風味，讓成品更像一道發酵糕點。另外，麵包經烘烤後也變得不容易發霉。如果想要用攪拌的方式，製作能讓延展性發揮到極限的麵團，就必須在麵團添加較多的油脂，避免破壞麵筋。

製作中種

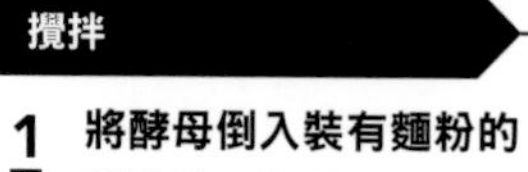

攪拌完成溫度 27℃

發酵

1 將酵母倒入裝有麵粉的塑膠袋，搖晃混合。

2 將鮮奶倒入料理盆，加入麵粉，用橡膠刮刀由下往上翻拌，拌勻後再加入壓的動作充分混合。

3 放入容器，以30℃發酵3小時後，放置冰箱冷藏一晚。使用前1小時從冰箱取出。

主麵團

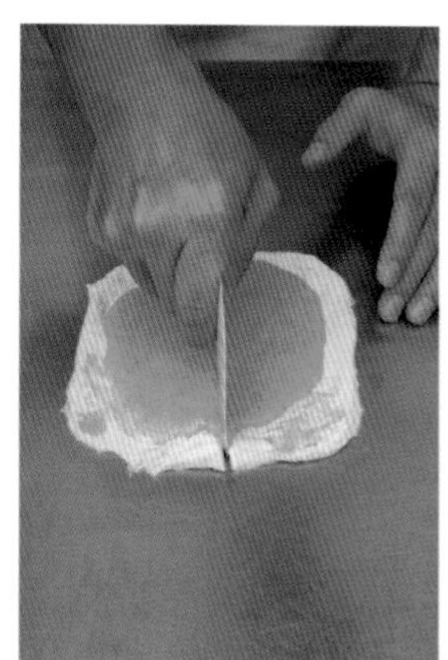

攪拌

4 依序將鹽→黍砂糖Ⓐ→鮮奶→蛋黃倒入料理盆，稍微攪拌後，加入優格種，再次稍作攪拌。

＊蛋黃和黍砂糖倒的位置要拉開，黏在一起會很容易結塊。

5 加入麵粉，攪拌到沒有粉狀感。

6 將3的中種放至工作台，用手推成15cm左右的方形，倒入5。重複8次「用切刀對半切→重疊→用手按壓」。過程中汁液流出的話，可用切刀撈回麵團上。

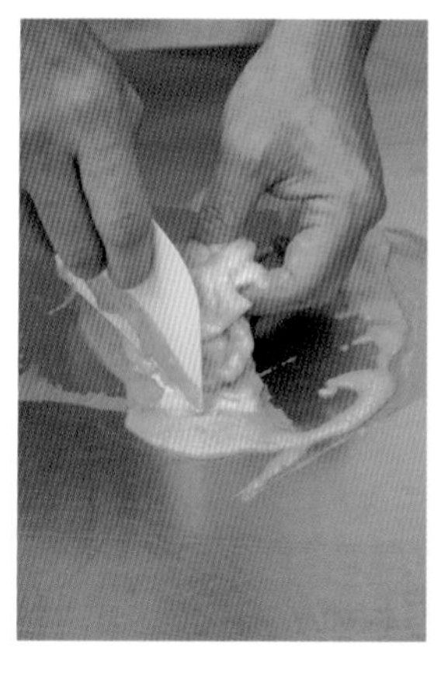

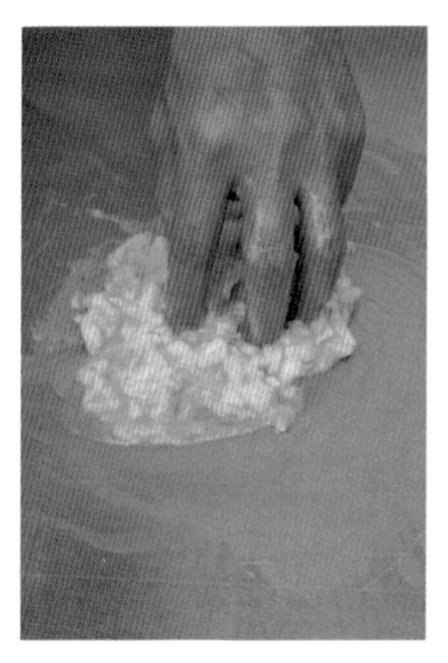

7 就算麵團不成形還是要繼續作業，用手指抓捏麵團，讓麵團與液體融合。

8 立起手指，用手指繞圓讓麵團結合。麵團會開始牽絲，且能夠拉起。

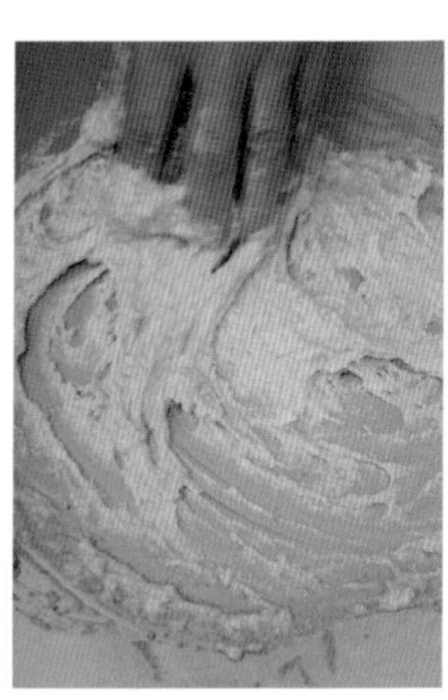
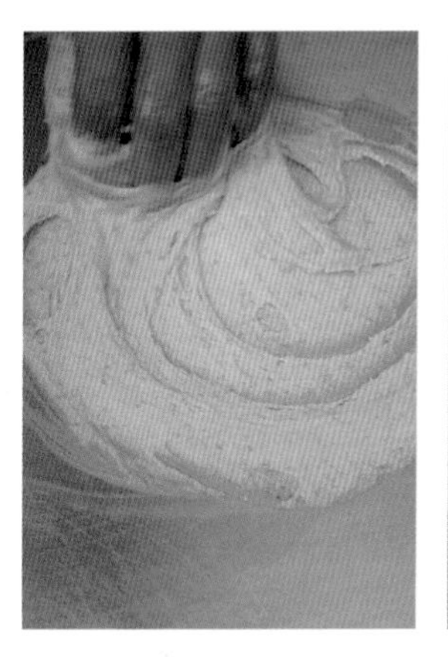
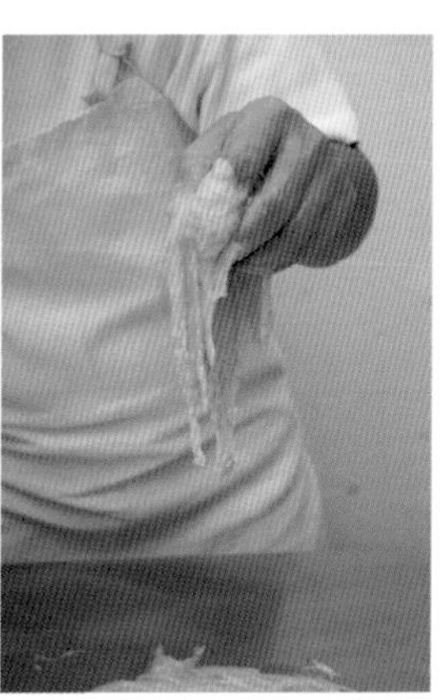

9 色調也會逐漸均勻，黃色消失，變成偏白色，攪拌到撈起麵團時，麵團不會滴垂便可停止。

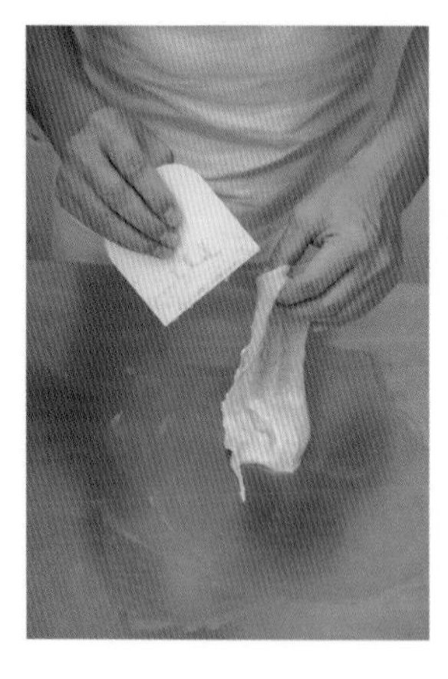
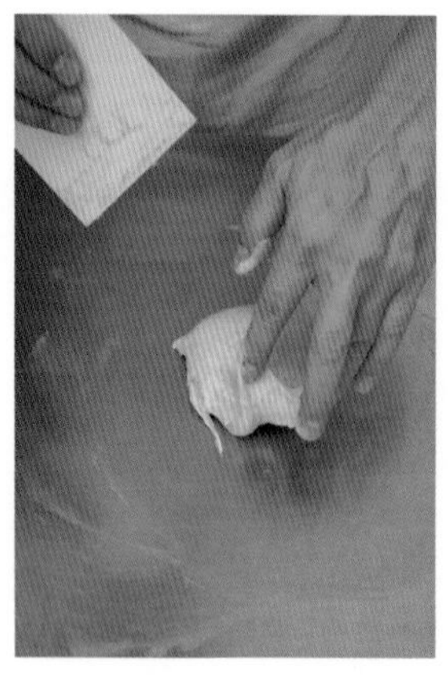

10 「用切刀鏟起麵團→摔打在工作台上→對摺」20個循環為1組，共進行5組。

＊ 結束1組後稍作休息，從第3組開始要加大摔打的力道。

11 在奶油擺上黍砂糖Ⓑ，用手指揉捏到均勻混合。

12 將10的麵團推成20cm方形，擺上11再整個推勻。將4個角往中間捲，捲完後又會形成4個角，同樣再往中間捲起。

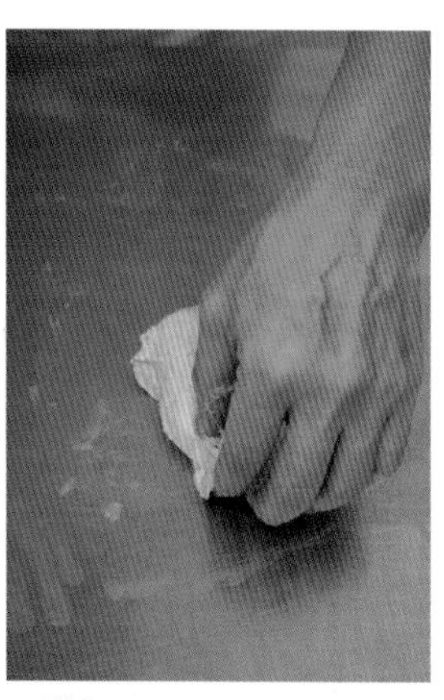
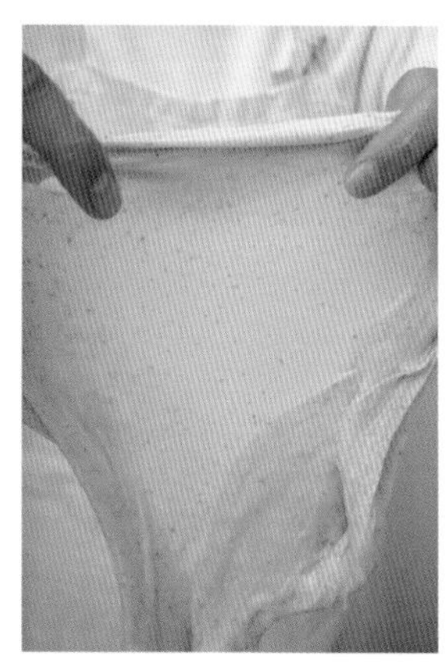
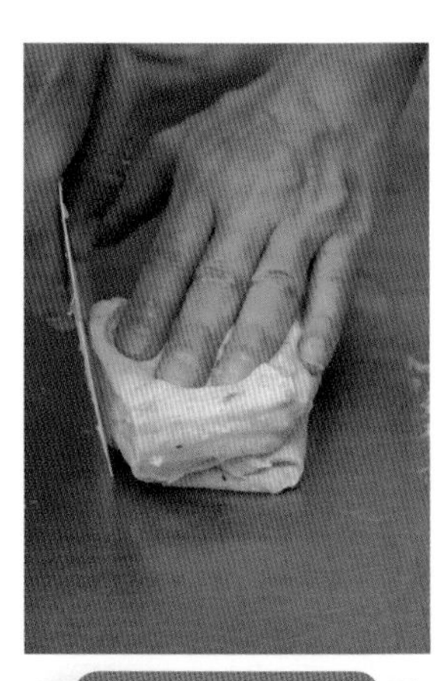

揉成溫度 23℃

13 「用切刀鏟起麵團→摔打在工作台上→將麵團往上大大拉開後對摺」20個循環為1組，共進行20組。麵團能拉開成薄膜狀且不會破掉時便可結束作業。

＊ 結束1組後稍作休息。

14 將榛果均勻鋪在麵團上，重複8次「對半切→重疊→用手按壓」。

第一次發酵

15 放入容器，鋪平後以28℃發酵3小時，接著放置冰箱冷藏一晚。

分割、揉圓 整型

16 在工作台撒點手粉，取出麵團，分3等分。用手將麵團分別推成10cm的方形，空出中心處，每塊麵團擺上1/3的巧克力豆，接著用手按壓。

17 麵團翻面，依照「邊角→邊緣→邊角」的順序把麵團往中間摺，每塊麵團都要摺2輪。

最後發酵

18 將麵團放入模型杯，收口朝下。擺上烤盤，以30℃發酵2小時（膨脹至1.5倍）。

＊發酵到模型的8分滿。

烘烤

19 用剪刀剪出十字刀痕，擺上適量奶油。

20 放入烤箱下層，以190℃（無蒸氣）烘烤15分鐘。

肉桂捲

規劃配方

STEP1 思考要烤出怎樣的麵包

介於可頌與丹麥吐司之間的硬脆口感，是帶點Q彈卻又濕潤的肉桂捲。

STEP2 思考「烘烤」的溫度與時間

為了讓麵包皮焦脆，要以較高的溫度充分烘烤。

STEP3 思考「最後發酵」的溫度、濕度、時間

用摺入麵團中的奶油不會溶出的溫度，讓慢慢麵團膨脹，直到麵團捲中心也變得鬆散。

STEP4 思考最後發酵所需的「整型」方法

希望麵團中心能往上延展變大，所以分割整型好的麵團捲時，切口要朝上。摺入奶油的作業等同「揉圓」，整型時則需轉動方向，讓麵團能均勻延展。

STEP5 思考整型前的「醒麵」與「分割、揉圓」

不做「分割」。「揉圓」就是把奶油摺入麵團中。「醒麵」則是讓麵團鬆散到能夠整型的狀態。

STEP6 思考第一次發酵的溫度、濕度、時間

形成太多大氣泡的話，奶油就會跑到麵團間隙，使麵團難以均勻變大，所以要避免麵團過度膨脹。

STEP7 思考適合第一次發酵的麵團攪拌（揉合）法

為了讓麵團在摺疊時不易收縮，揉合時的力道不可以太大。搭配上自我分解法與老麵法，只需輕柔力道就能揉合麵團。

完成配方

材料　3個分

> **自我分解麵團，是指麵團尚未加入用自我分解法製成的酵母。**

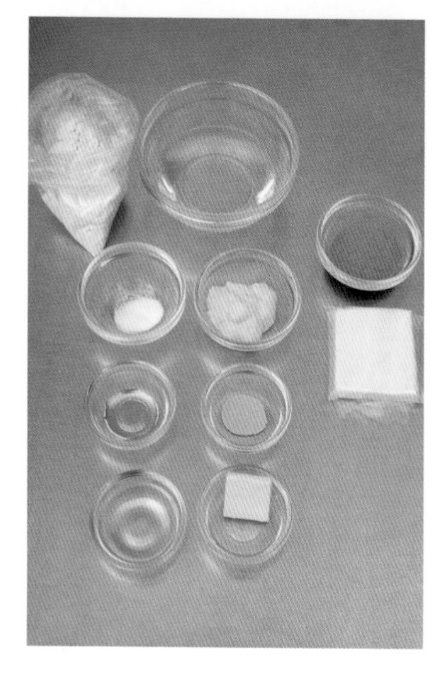

□自我分解麵團

	烘焙百分比%	
春豐Blend	100	100g
水	70	70g
Total	170	170g

□主麵團

	烘焙百分比%	
自我分解麵團	170	170g
十勝野酵母	0.6	0.6g
老麵（長條麵包麵團） →把第一次發酵後的長條麵包麵團（P.58～59）放置冰箱冷藏一晚的麵團。	20	20g
鹽	1.7	1.7g
蜂蜜	4	4g
水	3	3g
奶油（無鹽）	5	5g
Total	204.3	204.3g

□其他

奶油（無鹽／摺疊用）	40g
肉桂糖（肉桂粉：黍砂糖＝1：10）	15g

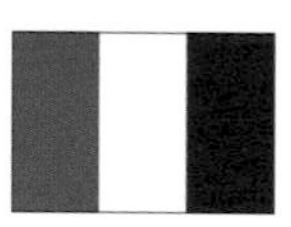

法國
〈自我分解麵團〉

×

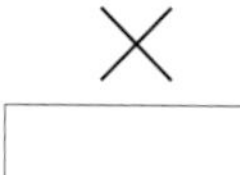

波蘭
〈老麵（長條麵包麵團）〉

×

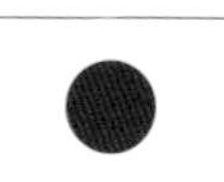

日本
〈春豐Blend〉
〈十勝野酵母〉

架構起製作流程

製作自我分解麵團

↓ **置於常溫20分鐘。**

〈主麵團〉

攪拌

↓ **揉成溫度27℃。**揉合力道不可太大。

第一次發酵

↓ **放入塑膠袋，以30℃發酵2小時→置於托盤，放入冰箱冷藏一晚。**避免麵團過度膨脹。

分割、揉圓

↓ **將奶油摺入麵團的作業視為「揉圓」。**為了讓麵團在塑形時能夠均勻延展，作業時要轉動麵團的方向。

醒麵

↓ **放入塑膠袋，置於常溫10分鐘。**

整型

↓ **整型成條狀，3等分。**

最後發酵

↓ **以28℃發酵2小時。**用摺入麵團中的奶油不會融出的溫度，讓慢慢麵團膨脹，直到麵團捲中心也變得鬆散。

烘烤

以220℃（無蒸氣）烘烤15分鐘，用較高的溫度充分加熱麵團。

Point

也可以做成吐司的配方麵團。摺入奶油時，讓麵團與奶油的硬度相當，且動作要迅速。麵團殘留零星的奶油結塊也沒關係。夏天醒麵時，要將麵團放入塑膠袋後冰冷藏，時間長短相同。

製作自我分解麵團

製作主麵團

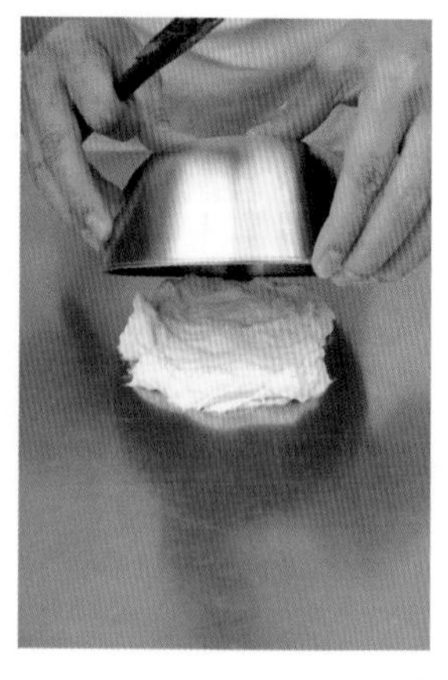

攪拌

攪拌

1 將水倒入料理盆，加入麵粉，用切的方式由下往上翻，粉狀感沒那麼重的時候，再左右移動橡膠刮刀，迅速混勻直到沒有粉狀感。

2 將麵團倒到工作台上，蓋上料理盆，靜置20分鐘左右。

3 將酵母倒入水中。

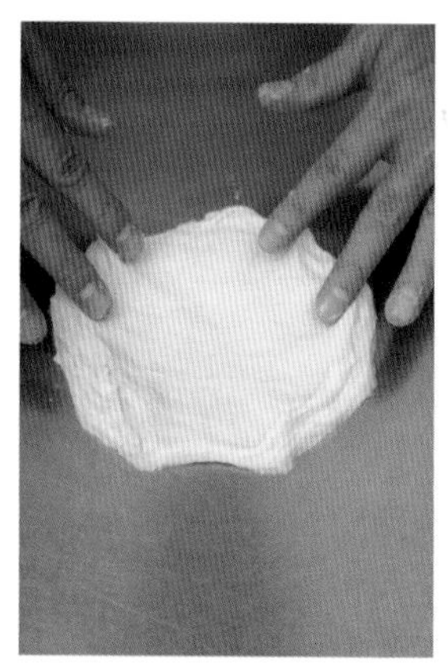

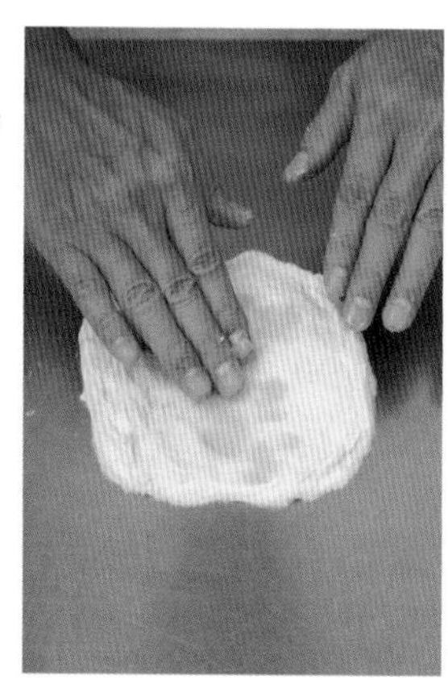

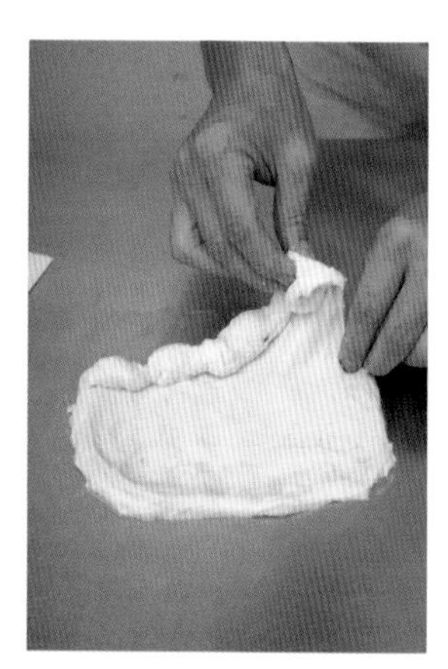

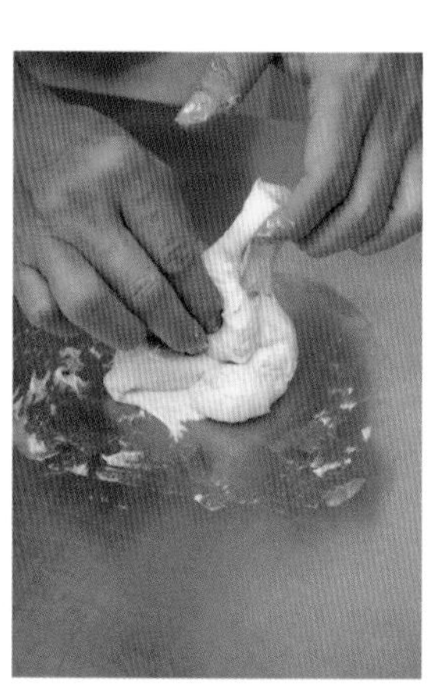

4 將老麵擺上2的麵團，用手推開老麵。

5 用手指把3攪拌溶化，倒在4上，並均勻推開。

6 將4個角往中間捲，捲完後又會形成4個角，同樣再往中間捲起。

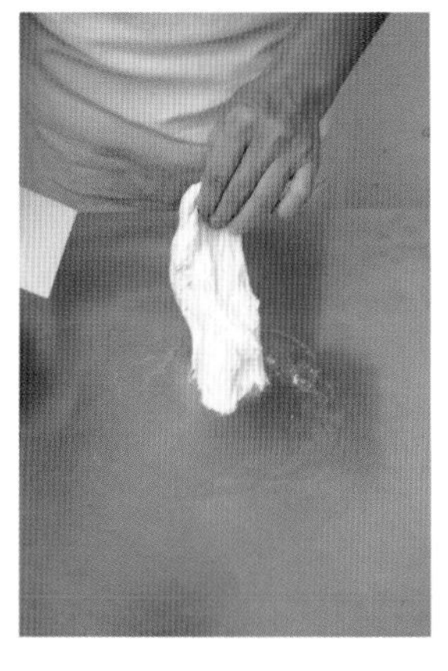

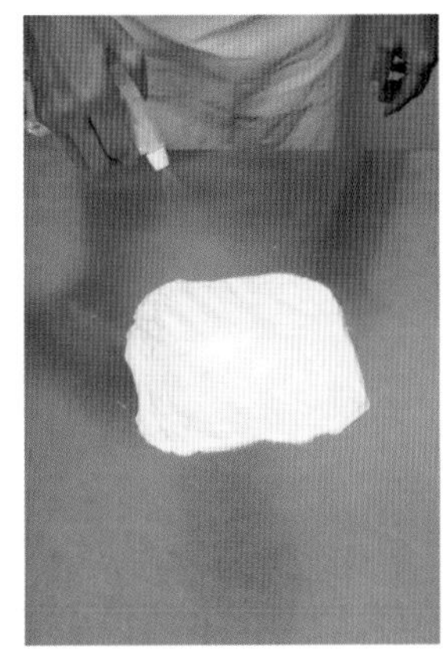
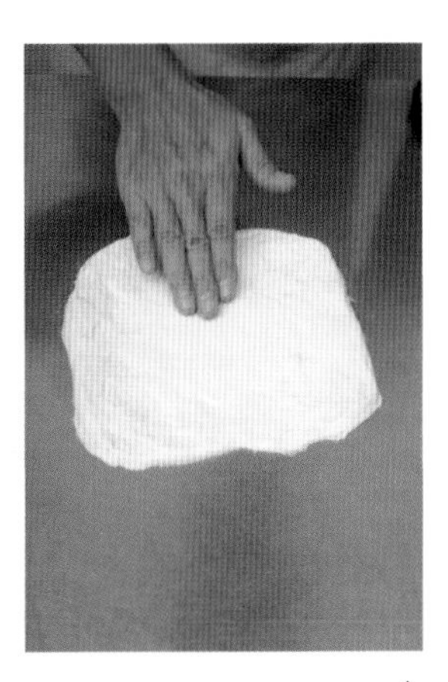

7 「用切刀鏟起麵團→摔打在工作台上→對摺」6個循環為1組，共進行2組。
＊ 結束1組後稍作休息。

8 把麵團推成20cm方形，撒鹽，噴2下的水。

9 用手指把鹽推開，直到沒有顆粒感，接著倒入蜂蜜並推勻。

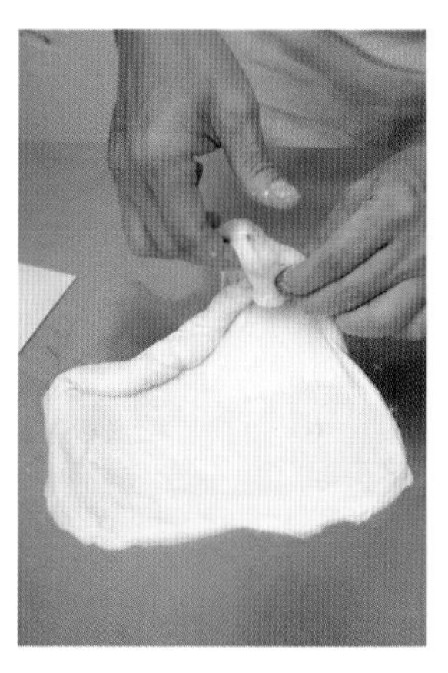
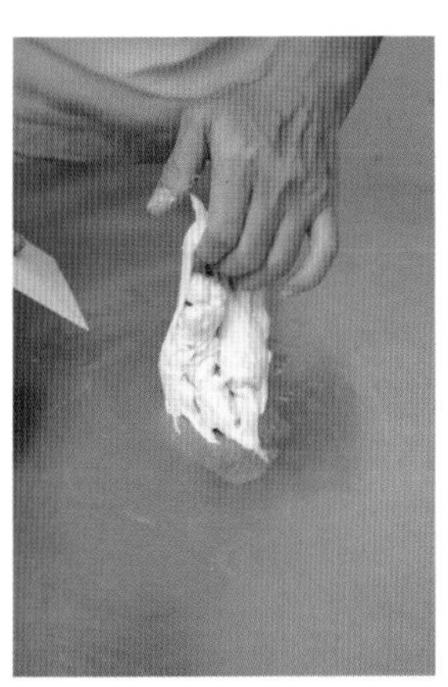

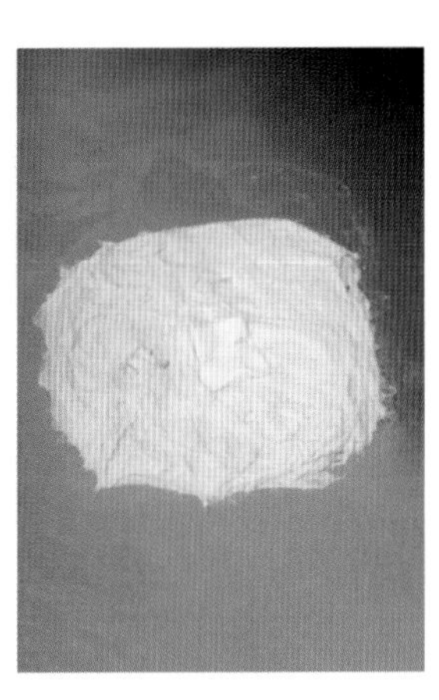

10 將4個角往中間捲，捲完後又會形成4個角，同樣再往中間捲起。

11 「用切刀鏟起麵團→摔打在工作台上→對摺」6個循環為1組，共進行4組。
＊ 結束1組後稍作休息。

12 把麵團推成20cm方形，擺上奶油，用手推勻。

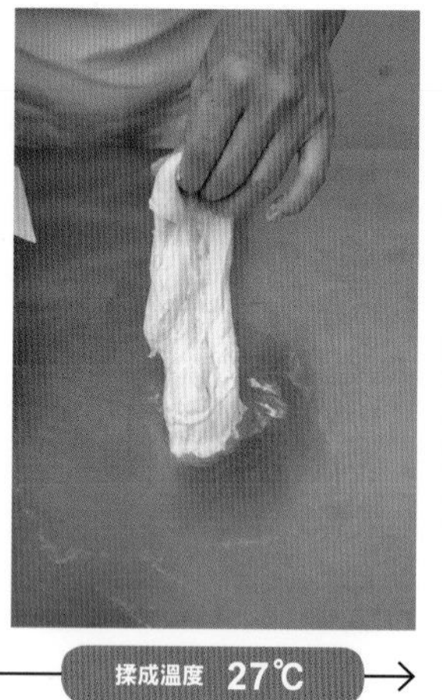

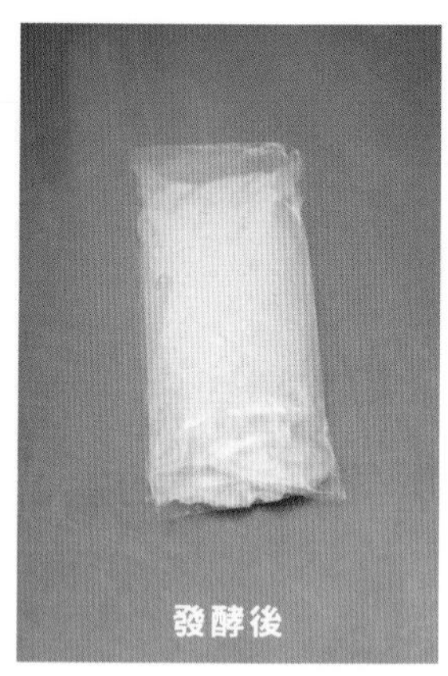

揉成溫度 27℃

第一次發酵

13 將4個角往中間捲，捲完後又會形成4個角，同樣再往中間捲起。

14 「用切刀鏟起麵團→摔打在工作台上→對摺」6個循環為1組，共進行3組。

＊結束1組後稍作休息。

15 放入塑膠袋，以30℃發酵2小時→置於托盤，放入冰箱冷藏一晚。

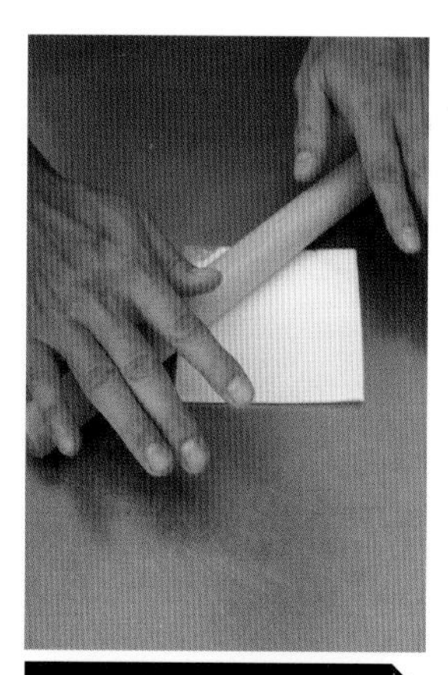

分割、揉圓

16 將奶油放入較厚的塑膠袋中，以擀麵棍擀成10cm方形。

17 在工作台撒手粉，倒出15的麵團，表面也要撒點手粉。

18 用手推成10×20cm的大小，在中間擺放16的奶油，將麵團兩邊摺起，包住奶油。

19 用手按壓收口與麵團兩邊，撒手粉後，用擀麵棍從中間分別往上與往下擀，成12×35cm的大小。

20 將麵團從下方往上1/3處摺疊後，再將下方麵團往上摺，摺成3褶。接著轉動90度，重複步驟19～20，再次擀開麵團並摺3褶。

醒麵

21 放入塑膠袋，靜置10分鐘（夏天改放冰箱冷藏）。

整型

22 在工作台撒手粉，倒出麵團，表面也要撒點手粉，再以步驟19的方式，將麵團擀成12×30cm的大小，並噴2次水。

23 在麵團中間抹上肉桂糖，用手整個推開，由下往上將麵團捲起。

最後發酵

26 用切刀3等分，切口朝上，放入PET烤模中。麵團如果黏在一起，可用手指撥開。

發酵前

發酵後

27 以28℃發酵2小時。

烘烤

29 放入烤箱下層，以220℃（無蒸氣）烘烤15分鐘。

味醂吐司

規劃配方

STEP1 思考要烤出怎樣的麵包

希望是兼具輕盈與Q彈口感的麵包，並充分發揮味醂那來自稻米的甜味與鮮味。使用較不會形成多種酸味的酵母，透過長時間發酵，增添麵粉的鮮美風味。

STEP2 思考「烘烤」的溫度與時間

味醂的甜容易使麵團烤焦，所以最好能用低溫烘烤，不過同時使用了湯種的麵團內部較難受熱，溫度設定必須拉高。感覺會烤焦的話，則可降低後半階段的溫度。

STEP3 思考「最後發酵」的溫度、濕度、時間

使用湯種的麵團如果過度膨脹，在烤箱內的延展幅度可能就會不足，那麼烘烤後很容易塌陷，所以在還沒有膨脹完全以前就可以停止發酵。

STEP4 思考最後發酵所需的「整型」方法

整型好的麵團下方容易塌陷，不易延展。這屬於氣體會慢慢變大的麵團，所以要讓麵團骨架充分纏繞，避免破壞氣體與收口。

STEP5 思考整型前的「醒麵」與「分割、揉圓」

麵筋長時間發酵後，骨架雖然會變脆弱，但其實麵團中也慢慢形成了大氣泡，所以從容器取出時動作要輕柔，避免破壞氣泡，小心地讓麵團表面帶有彈性。

STEP6 思考第一次發酵的溫度、濕度、時間

讓麵粉慢慢分解，在膨脹發酵的過程中形成甜味與鮮味。雖然會降低溫度，避免麵粉過度分解，但又要確保酵母能持續地緩慢活動，所以設定的溫度區間為15～20℃。

STEP7 思考適合第一次發酵的麵團攪拌（揉合）法

長時間發酵是會讓麵筋明顯鬆散的發酵法，所以必須充分揉合麵團。湯種則是麵筋骨架遭受破壞的酵種，所以輕輕混勻後，要再以輕柔的力道將麵團長長地推揉開來。

完成配方

材料　2個分

□湯種

	烘焙百分比%	
夢之力100%	10	25g
熱水（80℃以上）	20	50g
Total	30	75g

□主麵團

	烘焙百分比%	
夢之力100%	90	225g
湯種	30	75g
啤酒花種（參照P.96黃豆粉麵包）	5	12.5g
葡萄乾酵母（參照P.80核桃起司麵包）	5	12.5g
鹽	1.8	4.5g
味醂（煮到酒精完全揮發）	15	37.5g
水	60	150g
Total	206.8	517g

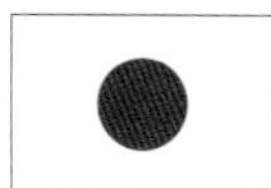

日本
〈湯種〉
〈夢之力100%〉
〈啤酒花種〉
〈味醂〉

架構起製作流程

製作湯種

攪拌完成溫度要高於60℃。使用80℃以上的熱水，迅速攪拌後，置於常溫。

〈主麵團〉

攪拌

揉成溫度為25℃。輕輕將湯種整個混勻，再以輕柔的力道將麵團長長地推揉開來。

第一次發酵

以17℃發酵24～36小時。必須是酵母能持續緩慢活動的溫度區間。

整型

讓麵團骨架充分纏繞，避免破壞氣體與收口。讓麵團帶有彈性，維持住形狀。

最後發酵

以35℃發酵2小時。在麵團還沒有膨脹完全以前停止發酵。

烘烤

以200℃（無蒸氣）烘烤20～22分鐘。由於這類麵團容易烤焦，內部卻又較難受熱，所以必須拉高設定溫度。感覺會烤焦的話，則可降低後半階段的溫度。

Point

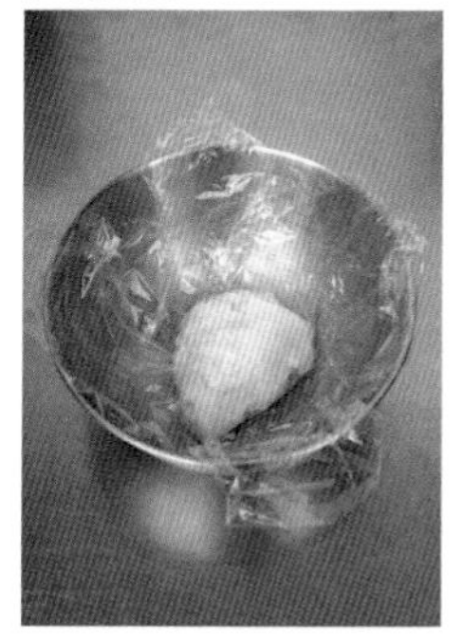

製作湯種時，可以一口氣多做點量（100g麵粉、200g熱水），這樣就能隨時取用，相當方便。取出立刻使用的湯種，用保鮮膜包裹。剩餘的湯種則是用保鮮膜包起後放入冷凍存放。高筋麵粉適合製作膨鬆的麵包，但Q彈口感會略顯不足。

製作湯種

主麵團

混合

攪拌完成溫度　高於60℃

攪拌

1 麵粉倒入料理盆，擺上磅秤，加入50g熱水（80℃以上）。

2 用橡膠刮刀充分混合直到變黏稠。

3 用保鮮膜緊貼覆蓋住湯種，靜置待麵團不燙手。

4 將鹽倒入料理盆，加入水與味醂，用橡膠刮刀攪拌到鹽完全溶化。

5 接著加入啤酒花種與葡萄乾酵母，用橡膠刮刀攪拌。

6 拿開3湯種的保鮮膜，加入少量的5，用手搓揉混合。混勻後再加入少量的5，繼續相同動作，變黏稠後，用5的汁液沖掉附著於手指的麵團，接著倒入剩下的汁液並加以混合。

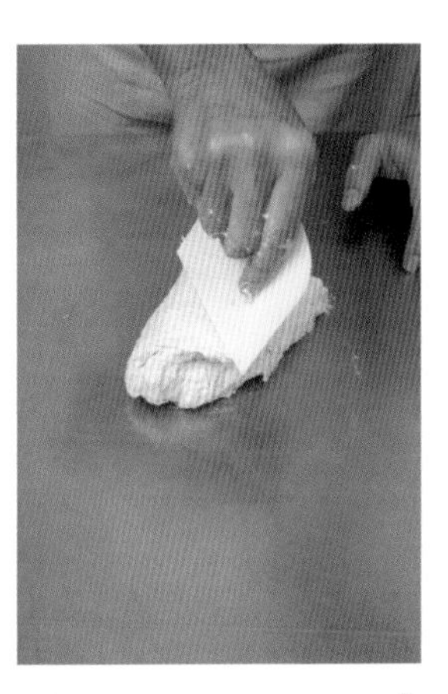

7 加入麵粉，打開手掌，以由下往上撈起的方式混合材料直到沒有粉狀感。

8 將麵團放至工作台，用手均勻推成20cm方形。

9 用切刀將麵團撈往中間，讓麵團成塊。

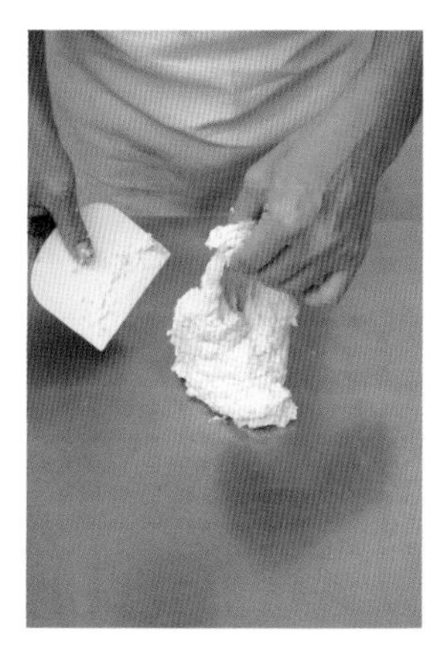

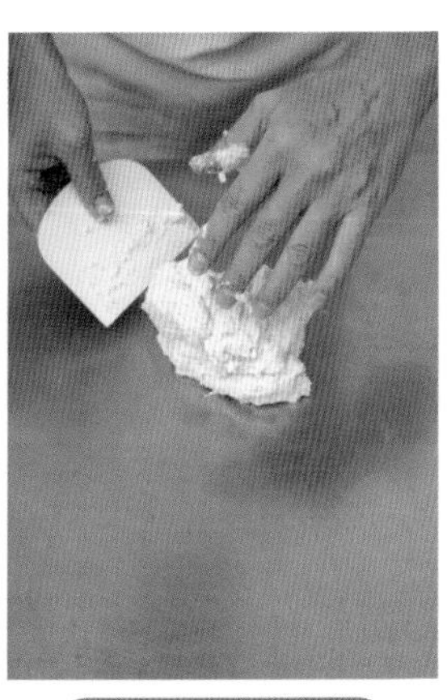

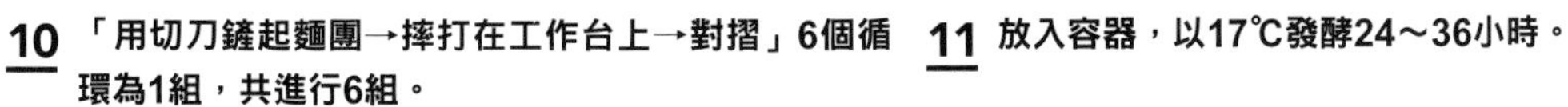

10 「用切刀鏟起麵團→摔打在工作台上→對摺」6個循環為1組，共進行6組。

＊結束1組後稍作休息。

11 放入容器，以17℃發酵24～36小時。

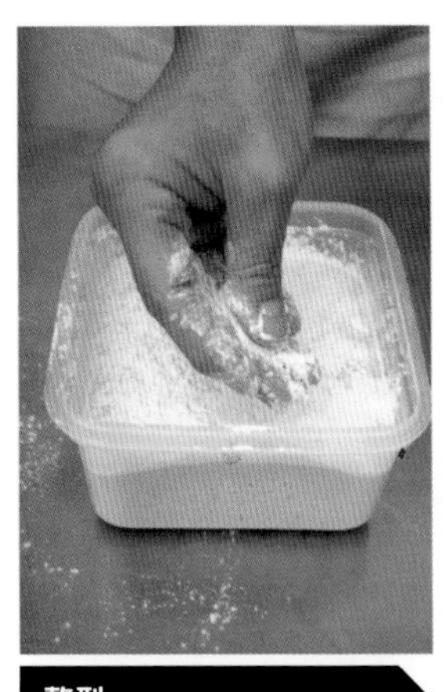

整型

12 在麵團撒上大量手粉。

13 切刀插入容器內側邊緣。

14 容器倒扣，將麵團倒在工作台上。

15 用切刀分2等份。

16 整型成12cm方形。

17 將4個角往中間摺，讓麵團在中間處重疊。

18 下面的角往上面的邊角方向摺，上面的角則是往下摺。

19 轉動90度，將麵團由下往上捲起。另一塊麵團也是重複步驟16→19。

＊這時氣泡容易破裂，所以動作要輕柔。

20 讓收口朝下，直接放入容器中。

最後發酵

21 以35℃發酵2小時。

烘烤

28 放入烤箱下層。以200℃（無蒸氣）烘烤20～22分鐘。

從麵包切面獲得的資訊

觀察剛烤好的麵包切面，就能掌握氣泡和麵團的膨脹方式等資訊。接著就來比較看看這些麵包的氣泡大小、散布方式、麵團的膨脹方式以及飽滿程度吧。

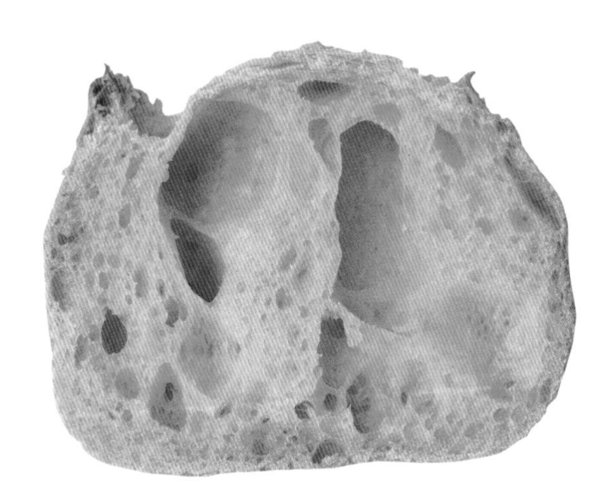

長條麵包

⇒作法參照P.54

波蘭液種法所形成的骨架脆弱度適中，可以看見不均勻的內層。麵團在整型時經過摺疊，因此會呈現往上延展的排列狀態。

小餐包

⇒作法參照P.62

使用酵母配方量較多的中種法，就是希望能藉由主麵團步驟之後的發酵快速膨脹，所以可從切面看見許多小氣泡，麵包心的質地膨鬆柔軟。

巧巴達

⇒作法參照P.70

以Biga種製成的麵團骨架紮實，但搭配加水法的排氣步驟讓整個麵團連同不均勻的內層往橫向鬆散拓開。加水法所使用的自由水於麵包的氣泡內側再次造成糊化，使得麵包心呈現帶光澤的保水狀態。

核桃起司麵包

⇒作法參照P.78

利用中種法事先備妥強韌的骨架，所以就算加水法的用水量較多，同時加入了核桃、起司等材料，照理說非常容易塌陷的麵團還是能往上延展。即便內層不均勻，麵團還是非常保水，能在口中化開來。

水果麵包

⇒作法參照P.86

是非常密實、沉甸的麵包，但麵團經過輕輕揉合後，還是能明顯看見骨架殘留。麵團的氣泡雖然較小，不過大小頗為一致，可以看出中心處也充分受熱。水果層與麵團層適度融合的同時卻又能彼此共存，所以內層並沒有塌陷的情況。

黃豆粉麵包

⇒作法參照P.94

可以看見包覆於外側，延展成薄層狀的外皮麵團有細小氣泡，為口感帶來加分。麵包心雖然濕潤，中間與大塊餡料的下方卻可以看見細緻的氣泡，就表示烘烤時氣泡並未遭破壞，使得成品口感輕盈。

紅味噌麵包

⇒作法參照P.102

可以看出麵包心有些部分的澱粉質呈黏稠狀，打造出裸麥既濕潤又沉甸的麵團口感。整型時分3次加入起司，所以面朝切面時，可以看出起司從左側開始都排列於相同高度。第2次加入的切達起司必須在整型時移動至麵團正中央，由此可以得知加入起司的步驟非常重要。

聖誕麵包

⇒作法參照P.110

中種法搭配上優格種，讓麵團擁有能在口中化開的薄膜與保水感，雖然內層較不均勻，但可以看出麵團還是能沿著模型杯往上延展。另外也會發現整型麵團時，朝中間集中擺放的巧克力豆會跟著麵團由內往外擴散開來。

肉桂捲

⇒作法參照P.118

可從外側麵團看見明顯的奶油摺層，預期會有脆硬的口感。內層雖然只能看見些許奶油摺層，不過結構與小餐包非常相似，預期應該會是輕盈的口感。2種口感的組合後會讓成品既脆硬又兼具Q彈表現，吃起來就像是柔軟的吐司。

味醂吐司

⇒作法參照P.126

利用多種的微量酵母，讓吐司麵團在陰暗處的溫度區間長時間持續慢慢發酵，使麵團較缺乏細緻度，不僅氣泡量較少，大小也不一致。另外，最後發酵時麵包的下方雖然會有塌陷、不易膨脹的問題，但整型時有特別留意收口，避免麵團塌陷，所以麵團能順利由下往上延展，同時確保濕潤、Q彈的口感。

建議可準備的工具

跟各位介紹書中製作麵包時主要會使用到的工具。大型工具有3種，小型工具則會介紹除了家中有的物品外，希望各位準備的工具。也會提到本書有用到模具。這些工具能讓作業更順暢，讀者們不妨在開始前確認看看吧。

大型工具

發酵箱

用來發酵麵團。發酵箱下層有附設底盤，加入水（或熱水）就能維持麵團濕度，避免表面乾燥。此款為摺疊式發酵箱，既輕巧又方便收納。

「可清洗摺疊式發酵箱PF102」

內部尺寸：約寬43.4×深34.8×高36cm／日本KNEADER

冷熱兩用冰箱

用來發酵麵團，溫度設定範圍為5～60℃。冷熱兩用冰箱在溫度設定上雖然比發酵箱容易出現誤差，不過卻能作為長時間靜置麵團時的陰涼場所來使用，可說非常方便。

內部尺寸：約寬24.5×深20×高34cm／Masao Corporation（進口商）

電烤箱

推薦選用附設過熱蒸氣功能的電烤箱。可以設定有蒸氣及無蒸氣模式，使用上相當方便。當然也可以使用瓦斯烤箱，但溫度與時間設定就會有些許差異。本書使用的是電烤箱。

小型工具

微量湯匙秤
湯匙型磅秤。用來秤量少量的酵母時非常方便。

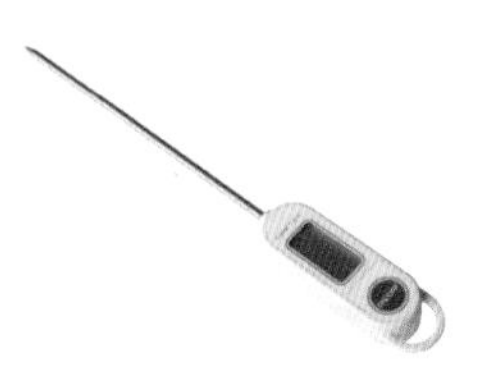

食品溫度計
想要知道揉成溫度時，指需將溫度計插入麵團中便可測量。

放射溫度計
在不接觸麵團的情況下就能測量麵團溫度，可用來確認揉成溫度與發酵溫度。

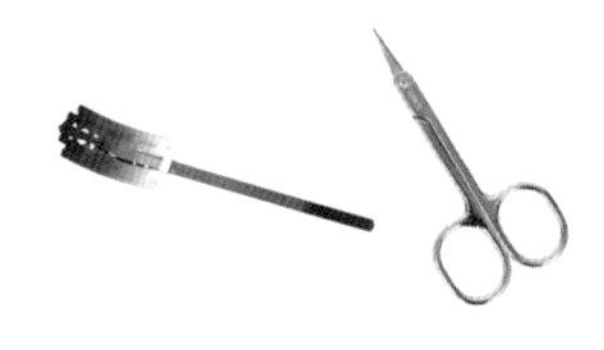

割紋刀＆剪刀
會用來為麵團刻劃紋路。圖為刮刀型割紋刀與修容剪刀。

其他還包含了料理盆、橡膠刮刀、切刀、打蛋器、保存用容器、濾茶網、揉麵板、擀麵棍、噴霧器、計時器等

模型

Pani-Moules木製烤模（內附耐熱矽膠烘焙紙）
以天然素材（白楊木）製成的烤模，不僅容易受熱、非常環保，遇高溫也不會烤焦或燃燒。
No.2（左）／寬14×深9.5×高5cm
BARONNET（右）／寬17.5×深7.5×高5cm

長型磅蛋糕烤模
內部尺寸：約寬20×深5.5×高5.5cm

聖誕麵包（馬芬）模型杯
直徑3×高5cm

純白PET烤模
直徑7×高2.5cm

PROFILE

堀田誠（Makoto Hotta）

1971年生。經營麵包教室「Roti-Orang」，同時也是「NCA名古屋傳播藝術專門學校」兼任講師。高中時在瑞士嬸嬸家吃到黑麵包後大受感動，加上大學時期在酵母研究室學過相關知識，於是開始對麵包產生興趣，其後更任職販售營養午餐麵包的大型麵包工廠。在麵包工廠同事的介紹下，認識了「Signifiant Signifié」（東京・三宿）的志賀勝榮主廚，正式踏上麵包烘焙之路。之後，更與曾師事志賀主廚門下的3名徒弟一同開設麵包咖啡店「Orang」。就在參與新店舖「Juchheim」的設立工作後，又重新師事於志賀主廚。於「Signifiant Signifié」工作3年後，也就是2010年之際，開始經營麵包教室「Roti-Orang」（東京・狛江）。著有《「鑄鐵鍋」免揉歐式麵包》、《「ストウブ」で、こだわりパン》、《麵包職人烘焙教科書》、《發酵：麵包「酸味」和「美味」精準掌控》等（日本皆由河出書房新社出版）。

http://roti-orang.seesaa.net/

TITLE

狂熱麵包師　配方規劃研究室

STAFF

出版	瑞昇文化事業股份有限公司
作者	堀田 誠
譯者	蔡婷朱
總編輯	郭湘齡
責任編輯	張聿雯
文字編輯	蕭妤秦
美術編輯	許菩真
排版	二次方數位設計　翁慧玲
製版	明宏彩色照相製版有限公司
印刷	桂林彩色印刷股份有限公司
法律顧問	立勤國際法律事務所　黃沛聲律師
戶名	瑞昇文化事業股份有限公司
劃撥帳號	19598343
地址	新北市中和區景平路464巷2弄1-4號
電話	(02)2945-3191
傳真	(02)2945-3190
網址	www.rising-books.com.tw
Mail	deepblue@rising-books.com.tw
初版日期	2021年8月
定價	480元

ORIGINAL JAPANESE EDITION STAFF

デザイン	小橋太郎（Yep）
撮影	日置武晴
スタイリング	池水陽子
調理アシスタント	小島桃恵　高井悠衣　伊原麻衣　高石恭子
企画・編集	小橋美津子（Yep）

國家圖書館出版品預行編目資料

狂熱麵包師 配方規劃研究室/堀田誠作；蔡婷朱譯. -- 初版. -- 新北市：瑞昇文化事業股份有限公司, 2021.06

144面；18.8X25.7公分

ISBN 978-986-401-495-8(平裝)

1.麵包 2.點心食譜

439.21　　110007099